基于记录值的可靠性分布模型的统计推断研究

周 慧 任海平 著

北 京
冶金工业出版社
2019

内 容 提 要

本书研究了基于记录值样本的可靠性分布模型参数的 Bayes 统计推断问题和基于记录值样本的产品寿命绩效指标的统计推断问题。研究成果可以为工程师在处理含有记录值数据信息的产品性能评估问题时提供决策参考。

本书可供从事统计分析、预测、评估工作的工程技术人员阅读,也可供高等学校相关专业师生参考。

图书在版编目(CIP)数据

基于记录值的可靠性分布模型的统计推断研究 / 周慧,任海平著. —北京:冶金工业出版社,2019.12
ISBN 978-7-5024-8287-9

Ⅰ.①基… Ⅱ.①周… ②任… Ⅲ.①统计推断—研究 Ⅳ.①O212

中国版本图书馆 CIP 数据核字(2019)第 287951 号

出 版 人　陈玉千
地　　址　北京市东城区嵩祝院北巷 39 号　邮编　100009　电话　(010)64027926
网　　址　www.cnmip.com.cn　电子信箱　yjcbs@cnmip.com.cn
责任编辑　杨　敏　美术编辑　彭子赫　版式设计　禹　蕊
责任校对　石　静　责任印制　李玉山

ISBN 978-7-5024-8287-9

冶金工业出版社出版发行;各地新华书店经销;三河市双峰印刷装订有限公司印刷
2019 年 12 月第 1 版,2019 年 12 月第 1 次印刷
169mm×239mm;7.5 印张;151 千字;109 页
45.00 元

冶金工业出版社　投稿电话　(010)64027932　投稿信箱　tougao@cnmip.com.cn
冶金工业出版社营销中心　电话　(010)64044283　传真　(010)64027893
冶金工业出版社天猫旗舰店　yjgycbs.tmall.com

(本书如有印装质量问题,本社营销中心负责退换)

前　言

记录值是刻画随机变量序列变化趋势的一个重要的数值，自被提出以来在遗传学、气候学、水文学、地震、保险精算等诸多领域得到广泛的应用。例如在保险业中，索赔额序列通常被假定服从某个重尾分布的正值独立同分布的随机变量序列，大额索赔的发生规律是破产理论的重要研究内容之一，其中包括对记录值分布规律的研究；在气象学中研究降雨（雪）量，我们可以由到目前为止所得到的测量值（记录值）来预测未来的降雨（雪）量等。因此，研究记录值的变化趋势以及统计推断理论，对于国民经济的发展具有重要意义。

对记录值的研究，引起很多学者的兴趣，国内主要是研究基于特定分布族的概率极限理论和随机比较问题，国外研究得较多，例如记录值和记录时间的分布函数、记录值的矩之间的关系，以及利用记录值进行社会调查、地震预测等研究。利用记录值进行模型参数的统计推断理论，最近十几年引起国外很多学者的兴趣，但大多是在经典统计理论框架下进行研究的。应用 Bayes 和经验 Bayes 统计推断理论研究记录值模型的相关文献还不多，国内也没有专门的专著出版。寿命绩效指标作为一类重要的望大型过程能力指标，在质量控制领域有着重要的应用，但关于其统计推断研究的中文文献也非常少，同时研究得也不够深入，为此本专著一方面进一步将 Bayes 统计方法应用到记录值模型，另一方面探讨基于记录值的产品寿命绩效指标的统计推断问题，以便为管理者进行决策时提供参考。同时也希望能够通过本著作吸引更多国内学者参与到记录值模型的统计推断理论与应用研究中。

本专著的第1章、第2章和第5章由周慧撰写，第3章、第4章由周慧和任海平撰写，全书由周慧定稿。

感谢宜春学院及宜春学院数学与计算机科学学院的领导和同事在本书出版过程中给予的帮助和支持。本书内容涉及的研究得到江西省教育厅科学研究项目（GJJ180829）、宜春一流学科"管理科学与工程"、国家自然科学基金（71661012、11561068、11771382）的资助，另外，在撰写过程中参考了有关文献，在此一并表示感谢。

由于作者水平有限，书中不当之处在所难免，敬请读者批评指正。

作　者

2019年5月

目 录

1 绪论 ·· 1
　1.1 研究背景及意义 ··· 1
　1.2 国内外研究现状 ··· 2
　1.3 本书的主要研究工作 ·· 6
2 Bayes 统计推断的基础理论 ·· 7
　2.1 统计决策问题的定义 ·· 7
　　2.1.1 决策问题的三要素 ··· 7
　　2.1.2 判决函数与风险函数 ··· 8
　2.2 Bayes 决策准则 ··· 9
　　2.2.1 三种信息 ··· 9
　　2.2.2 Bayes 定理 ·· 10
　　2.2.3 常用的损失函数 ··· 12
　　2.2.4 效用函数和遗憾损失 ·· 14
　　2.2.5 Bayes 风险 ·· 14
　　2.2.6 后验风险与判别法则 ·· 15
　2.3 几类常见的可靠性分布 ··· 17
　　2.3.1 伽玛分布 ··· 17
　　2.3.2 贝塔分布 ··· 17
　　2.3.3 帕累托分布 ··· 18
　2.4 先验分布 ·· 18
　　2.4.1 主观概率 ··· 18
　　2.4.2 共轭先验分布及超参数的确定 ·· 19
　　2.4.3 利用边缘分布确定先验 ·· 21
　　2.4.4 确定先验分布的最大熵方法 ··· 22
　　2.4.5 Jeffreys 先验分布 ·· 24
　　2.4.6 Reference 先验 ·· 25
　2.5 Bayes 估计和假设检验 ·· 26

2.5.1　后验分布的计算 ………………………………………… 26
　　2.5.2　Bayes 估计 ……………………………………………… 28
　　2.5.3　假设检验 ………………………………………………… 31
2.6　本章小结 …………………………………………………………… 33

3　基于记录值的可靠性分布模型的统计推断研究 …………………… 34

3.1　刻度误差损失函数下几何分布模型的统计推断研究 …………… 34
　　3.1.1　可靠度的最小方差无偏估计 …………………………… 34
　　3.1.2　可靠度的 Bayes 估计 …………………………………… 36
　　3.1.3　实际应用例子和结论 …………………………………… 37
3.2　基于记录值的广义 Pareto 分布损失和风险函数的 Bayes 估计 … 38
　　3.2.1　广义 Pareto 分布模型简介 ……………………………… 38
　　3.2.2　损失和风险函数的 Bayes 估计 ………………………… 40
　　3.2.3　估计 $\gamma_B(X)$ 和 $\Phi(\delta_B)$ 的保守性质 ……………………… 43
　　3.2.4　估计的合理性 …………………………………………… 44
3.3　基于记录值的广义 Pareto 分布参数的 Minimax 估计 …………… 45
　　3.3.1　广义 Pareto 分布参数的 Bayes 估计 …………………… 45
　　3.3.2　各类估计的风险函数比较研究 ………………………… 48
　　3.3.3　广义 Pareto 分布参数的 Minimax 估计 ………………… 53
3.4　基于对称熵损失的指数分布模型的 Bayes 统计推断 …………… 59
　　3.4.1　基于记录值的指数分布参数的经典估计 ……………… 60
　　3.4.2　参数 Bayes 估计 ………………………………………… 62
　　3.4.3　线性形式估计量的可容许性 …………………………… 64
3.5　基于记录值的比例危险率模型参数的 Bayes 收缩估计 ………… 66
　　3.5.1　比例危险率模型简介 …………………………………… 66
　　3.5.2　参数的 Bayes 收缩估计 ………………………………… 68
　　3.5.3　实例分析 ………………………………………………… 69
3.6　基于记录值的指数分布模型参数的模糊 Bayes 估计 …………… 70
　　3.6.1　模糊 Bayes 估计方法的理论基础 ……………………… 71
　　3.6.2　刻度平方误差损失下指数分布参数的模糊 Bayes 估计 … 72
　　3.6.3　算例分析 ………………………………………………… 74
3.7　本章小结 …………………………………………………………… 75

4　基于记录值的寿命绩效指标的统计推断研究 …………………… 77

4.1　寿命绩效指标 C_L …………………………………………………… 77

4.2 指数分布产品寿命绩效指标的统计推断 ································· 79
    4.2.1 寿命绩效指标的最小方差无偏估计量 ····················· 79
    4.2.2 基于最小方差无偏估计的 C_L 的假设检验与区间估计 ······ 83
    4.2.3 寿命绩效指标的 Bayes 估计 ································ 90
    4.2.4 寿命绩效指标的 Bayes 检验 ································ 92
    4.2.5 数值算例 ··· 93
4.3 本章小结 ·· 95

5 总结和展望 ·· 96
5.1 研究总结 ·· 96
5.2 研究展望 ·· 96

参考文献 ·· 98

1 绪 论

1.1 研究背景及意义

记录值是刻划随机变量序列变化趋势的一个重要的数值，它可当作顺序统计量的一种，而且记录值又依照不同的选取方式可分为上记录值（upper record values）与下记录值（lower record values），其定义最早由 Chandler（1952）给出。记录值的定义可以简要描述如下[1]：假设 $X_1, X_2, \cdots$ 为一组来自独立同分布的随机变量组成的无穷序列，其概率密度和累积分布函数分别为 $f(x)$ 与 $F(x)$。一观测值 X_k 若其值高于（低于）在其之前的观测值，则称 X_k 为上记录值（下记录值），或简称记录值。设 $X_1, X_2, \cdots, X_n, \cdots$ 为互相独立且来自相同分布的随机样本序列，则定义 $X_{U(1)}, X_{U(2)}, \cdots, X_{U(n)}$ 为前 n 个上记录值样本，其中假设发生这些上记录值的时间为：

$$U(1) = 1, U(n) = \min\{j \mid j > U(n-1), X_j > X_{U(n-1)}\}, \quad n \geq 2$$

另外，也定义 $X_{L(1)}, X_{L(2)}, \cdots, X_{L(n)}$ 为前 n 个下记录值样本，其中这些下记录值发生的时间分别为 $L(1) = 1, L(n) = \min\{j \mid j > U(n-1), X_j < X_{U(n-1)}\}, n \geq 2$。例如，若观察到观测值序列为 $\{3, 2, 2.5, 2.6, 1, 3.7, 2.2, 5.4, 2.7, 6.8, 0.5, \cdots\}$，则 $X_{U(1)} = 3, X_{U(2)} = 3.7, X_{U(3)} = 5.4, X_{U(4)} = 6.8$ 为前 4 个上记录值样本；而 $X_{L(1)} = 3, X_{L(2)} = 2, X_{L(3)} = 1, X_{L(4)} = 0.5$。又如碎石机辗碎的石头比在其之前被辗碎的石头还要大时，就要重新调整碎石机。下述资料是从一开始到第三次调整碎石机这段期间石头的大小[2]：

9.3, 0.6, 24.4, 18.1, 6.6, 9.0, 14.3, 6.6, 13.0, 2.4, 5.6, 33.8

如果只在需要调整碎石机时才记录石头的大小，此时得到上记录值样本为 9.3、24.4、33.8。

在现实生活中，常常出现记录值，如工业上压力的测试、气温的变化、运动竞赛成绩、经济学以及寿命检测等，其中最典型的例子就是金氏世界纪录。如前所述，如果碎石机辗碎的石头比在其之前被辗碎的石头还要大时，就要重新调整碎石机，因此，只有在需要调整碎石机时才记录石头的大小，此时得到上记录值（upper record values）样本；又或者对产品进行寿命检测实验时，实验者只在产品的寿命比在其之前发生故障的产品长时，才记录其寿命资料，当统计人员要分析资料时，只有上记录值样本可以分析。如上所述，记录值的应用十分广泛，已被广泛应用到诸如水文学、气候学、地震、保险精算、机械工程以及体育等领域[3~7]。如在保险业中，通常假定索赔额序列是服从某个重尾分布的正值独立同分布的随机变量序列，根据破产理论，导致保险公司破产的往往是那些以小概率发生的大额索赔，因此，大额索赔的发生规律是破产理论的重要研究内容之一，其中包括对记录值分布规律的研究；在气象学中研究降雨（雪）量，可以由到目前为止所得到的测量值（记录值）来预测未来的降雨（雪）量等。因此研究记录值的变化趋势以及统计推断理论，对于国民经济的发展具有重要意义。

1.2 国内外研究现状

对记录值的研究，国内主要是研究基于特定分布族的概率极限理论和随机比较问题，国外研究的较多，例如记录值和记录时间的分布函数、记录值的矩之间的关系等，以及利用记录值进行社会调查、地震预测等研究。利用记录值进行模型参数的统计推断理论，最近十几年引起国外很多学者的兴趣。

在国内，基于记录值样本，胡治水等[8]研究了对数正态总体的记录值的部分和序列的渐近分布问题。苏淳等[9]研究了 Logistic 分布记录值序列部分和中心极限定理，并指出这一工作不仅具有概率论的极限理论方面的研究价值，而且在金融、保险等领域也具有相当重要的应用前景。王琪和黄文宜[10]讨论了广义指数分布参数的 Bayes 估计问题，在贝塔先验分布和平方误差损失、LINEX 损失函数下，导出了参数的 Bayes 和经验 Bayes 估计。王亮等[11]在对称和非对称损失函数下讨论了 Burr XII 分布可靠性指标的 Bayes 估计问题，并针对超参数未知情形给出了一种确定超参数值的新方法。王琪和任海平[12]在平方误差损失函数下研究了 Rayleigh 分布参数的最小风险同变估计和 Bayes 估计，并讨论了一类线性形式估计的可容许性问题。高小琪和韦程东[13]研究了两参数指数威布尔分布的参数估计问题，基于记录值样本得到了参数的最大似然估计并在不同损失函数下推导了参数的 Bayes 估计，最后通过蒙特卡洛模拟进行比较，发现在合适的先验下 Bayes 估计比最大似然估计的精度更高。邢建平[14]研究了熵损失函数下指数分布参数的最小风险同变估计、Bayes 估计和经验 Bayes 估计。黄文宜[15]在一类加权损失函数下研究了几何分布可靠度参数估计问题，首先导出了可靠度的最大似然估计和最小方差无偏估计；其次在可靠度的贝塔先验分布的假定下导出了可靠度参数的 Bayes 估计，最后通过统计模拟试验发现加权损失函数下得到的 Bayes 估计的结果更精确。王亮和师义民[16]在平衡损失函数下研究了 Cox 模型参数的 Bayes 统计推断问题以及未来失效样本的预测问题。通过 ML-II 方法估计超参数，导出了相关可靠性指标的经验 Bayes 估计，并给出未来记录值样本的经验 Bayes 预测区间。韩雪和张青楠[17]研究了广义 Logistic 分布的位置参数和尺度参数的最佳线性无偏估计以及预测问题，并通过蒙特卡洛统计模拟发现，当样本容量不同且形状参数也取不同值时,参数估计和预测的偏差和均方误差都较小,表明所提出的方法是实用和有效的。罗嘉成和陈勇明[18]讨论了极值分布参数的极大似然估计和逆矩估计量并利用卡方分布构造尺度参数的准确置信区间,并进一步研究了尺度和位置参数的联合置信域问题。

在国外,基于记录值样本,Nadar 和 Kizilaslan[19]研究了 Kumaraswamy 分布的应力强度干涉模型可靠度 $P(X<Y)$ 的 Bayes 估计问题,在假定参数的先验分布为共轭先验分布和无信息先验分布,损失函数为平方误差和 LINEX 损失函数下得到了可靠度的 Bayes 估计。Solimana[20]在平方误差损失、LINEX 损失和熵损失函数下,研究了 Rayleigh 分布的一些寿命参数,如可靠性和危险率函数的 Bayes 估计问题。Barakat 和 Elgawad[21]研究了上记录值和下记录值的极限分布问题,得到了弱收敛的充分条件。Qomi 和 Kiapour[22]研究了指数分布参数的最短置信区间估计问题。Mirmostafaee 等[23]基于 k-记录值研究了 Topp-Leone 分布下的形状参数、生存函数和危险率函数的 Bayes 点估计和 Bayes 区间估计问题。在对称和非对称损失函数下得到了 Bayes 估计,并讨论了应力 – 强度干涉模型可靠度参数的 Bayes 估计。Khan 和 Arshad[24]研究了比例危险率分布族的可靠度函数和应力 – 强度干涉模型可靠度的一致最小方差无偏(UMVU)估计,并对几种特殊的比例危险率模型——幂函数分布、指数化威布尔分布、广义指数分布、广义瑞利分布和 Topp-Leone 分布的估计结果进行了简化,最后通过仿真比较了 UMVU 估计量和最大似然估计量。更多关于记录值的统计推断研究可参见文献[25~30]。

但大多文献在研究基于记录值样本的统计推断问题时,都是在经典统计理论框架下进行研究的。Houchens[31]指出对于含有记录值的模型的统计推断问题的研究,由于获得的记录值的样本量通常很小,因而 Bayes 方法是一个很好的选择。最近基于记录值模型参数的 Bayes 估计问题引起了国外很多学者的兴趣,但大多数 Bayes 推断程序都是在平方损失函数下讨论,由于在估计可靠性及失效率函数时,高估会比低估带来更严重的后果,因此在这种情况下选择对称损失函数是不合实际的。且基于记录值样本数据的 Bayes 统计推断研究还只局限于平方误差损失函数、LINEX 损失、熵损失、对称熵等常见损失函数,在其他一些损失函数,如刻度平方误差损失、预警损失(Precautionary Loss)、有界误差损失函数等的 Bayes 统计推断的研究结果还很少,研究得也不够深入。

另外,最近十多年来,一类特殊的过程能力指数——寿命绩效指标[31]的统计推断问题得到了很多学者的关注[32~41]。基于记录值样本的产品寿命绩效指标的统计推断问题也引起了部分学者的兴趣。如基于记录值样本,Wu 等[42,43]在产品寿命分别服从指数分布和 Burr XII 分布条件下,探讨了寿命绩效指标的一致最小方差不变估计量(uniformly minimum variance unbiased estimator,UMVUE),并提出了一套检验产品寿命性能的检验程序用以评估具有上记录值寿命数据的产品寿命性能。Lee 等[44]在产品寿命服从 Weibull 分布的假定下，利用数据转换技巧导出了寿命绩效指标的 UMVUE，并提出了检验产品的寿命性能的检验程序，用以评估具有上记录值寿命数据的产品寿命性能。

目前有许多过程能力指数被用来评估过程的能力，但是实际应用中，以下几种过程能力指数仍然是现在最常用的[45~47]：

(1) $C_P = \dfrac{USL - LSL}{6\sigma}$，该指标最早由 Juran（1974）提出，也是第一个过程能力指标，其中 USL 和 LSL 分别为过程的规格上限和规格下限，σ 是过程的标准差。

(2) $C_{pk} = \dfrac{d - |\mu - M|}{3\sigma} = \dfrac{\min\{USL - \mu, \mu - LSL\}}{3\sigma}$，由于 C_P 未能考虑过程平均值是否偏离规格中心。因此为了改善 C_P 指标的缺点，Kane（1986）提出了过程能力指标 C_{pk}，其中 μ 是过程均值。

(3) $C_{pm} = \dfrac{d}{6\sqrt{\sigma^2 + (\mu - T)^2}} = \dfrac{d}{6\sqrt{E[(X - T)^2]}}$，这个指标由 Boyles（1991）提出，Boyles 发现 C_P 和 C_{pk} 这两个指标没有考虑到过程平均值偏离目标 T 所带来的影响，于是根据 Chan 等（1988）提出的田口损失函数的概念，提出了一类新的过程能力指标 C_{pm}。当过程平均偏离了目标值时，过程会有一个平方损失，因此过程指标 C_{pm} 更适用于各种不同规格界限的情况。

(4) 此外，Pearn 等（1992）结合了 C_{pk} 和 C_{pm} 的观点，依据规格上下界与目标值的非对称性提出了 C_{pmk} 指标，其定义如下：

$$C_{pmk} = \min\left\{\dfrac{USL - \mu}{3\sqrt{\sigma^2 + (\mu - T)^2}}, \dfrac{\mu - LSL}{3\sqrt{\sigma^2 + (\mu - T)^2}}\right\}$$

以上四个过程能力指标都是评估在双边规格下具有望目型品质特性（the target-the-best type quality characteristic）的过程能力指标。

对于与产品寿命相关的产品，一般来说，顾客都希望产品的寿命越长越好，而且产品的寿命越长表示其品质越好，所以产品寿命的品质特征是属于望大型（the larger-the-better type）的品质特征。于是 Montgomery（1985）提出使用一种特殊的单边规格过程能力指标——寿命绩效指标 $\left(C_L = \dfrac{\mu - L}{\sigma}\right)$ 来衡量产品的寿命绩效，其中 L 是规格下界。

在大多数文献中，使用过程能力指标的统计推断研究均假设产品的品质特性服从正态分布，但实际生活中的产品如电子元件、引擎、变电器等的寿命往往服从的是指数分布、Pareto 分布、威布尔分布等非正态分布。Clement（1989）[48]、Pearn 和 Chen（1997）[49]、Liu 等（2006）[50]等人利用百分位数来估计过程平均数和标准差，进而对非正态分布过程能力指标进行推导。由于利用百分位数求解会涉及大量的计算并且是基于正态分布的近似计算得到,结果并不准确,因此针对寿命型产品,特别是寿命越长越好的产品,Montgomery(1985)建议采用寿命绩效指标 C_L 来衡量产品品质绩效。Tong 等[51]在电子元件寿命服从指数分布情形下,利用完全样本数据导出了 C_L 的最小方差无偏估计。Wu 等[52]探讨了产品寿命服从 Rayleigh 分布下寿命绩效指标 C_L 的最大似然估计,并通过此估计发展出了评估产品绩效的检验程序。何桢等[53]利用 Bootstrap 法得到了过程为正态分布和指数分布时过程能力指数 C_{pk} 的置信区间。Hsu 等[54]研究了产品寿命数据为模糊数据情形下的 Parteo 分布的寿命绩效指标的统计推断问题,发展出了模糊环境下的寿命绩效指标 C_L 的最大似然估计、区间估计以及基于 P 值的假设检验程序。晏爱君和刘三阳[55]提出了产品寿命服从指数分布的定数截尾数据情形下寿命绩效指标的 P 值检验程序,并通过实例说明了方法的有效性和可行性。Wu 等[56]在逐步递增的Ⅱ型截尾寿命试验下,讨论了 Rayleigh 分布产品寿命绩效指标 C_L 的最大似然估计、最小方差无偏估计并进而发展了相应的产品寿命绩效检验程序。Laumen 和 Cramer[57]基于逐步递增的Ⅱ截尾寿命数据,讨论了一类特殊的指数分布族产品寿命绩效的最大似然估计和检验程序法。Lee 等[58]基于定数截尾样本,讨论了来自正态分布但是样本数据为模糊数情形的产品寿命绩效指标 C_L 的最大似然估计以及假设检验问题,并给出了该类模型的产品品质绩效的检验程序。以上都是基于经典统计框架下产品寿命绩效指标的 Bayes 统计推断问题的研究。

当今社会的制造技术突飞猛进,产品的可靠性越来越高,通过截尾试验得到的样本数据就非常少,此时 Bayes 方法可以更好地处理小样本情形下模型参数的统计推断问题。但是目前关于寿命绩效指标的 Bayes 统计推断的研究比较少,因此有必要进行深入的研究。这方面的研究主要有:Lee 等[59]利用 Bayes 方法得到了平方误差损失下 Rayleigh 分布产品寿命绩效指标的 Bayes 估计并给出了相应的检验程序;Liu 和 Ren[60]导出了共轭先验分布下指数分布产品的寿命绩效指标的 Bayes 估计,并通过实际应用例子展示了产品品质绩效的 Bayes 检验程序。Lee 等[61]讨论了基于上记录值样本的 Weibull 分布产品的寿命绩效指标的最大似然估计估计和产品品质检验问题;Lee 等讨论了基于上记录值样本的 Rayleigh 分布产品的寿命绩效指标的 Bayes 估计和假设检验问题。

综上,本专著将进一步研究基于记录值样本的可靠性分布模型参数的 Bayes 统计推断问题和基于记录值样本的产品寿命绩效指标的统计推断问题。一方面可以丰富和发展记录值统计和 Bayes 统计推断理论,另一方面产品寿命绩效指标的检验程序可以为工程师在处理含有记录值数据信息时的产品性能评估问题时提供决策参考。

1.3　本书的主要研究工作

本书共分为五个章节：

第 1 章是绪论。主要介绍 Bayes 统计推断理论研究的背景意义和国内外研究现状。分析研究热点，指出本书的主要研究工作。

第 2 章是 Bayes 统计推断的基本理论知识。主要介绍 Bayes 统计的一些基本概念，如 Bayes 定理、先验分布、损失函数等概念。

第 3 章探讨基于记录值的几何分布、广义 Pareto 和比例危险率模型参数的 Bayes 估计以及估计的可容许性等问题，并初步探讨了基于记录值的指数分布参数的模糊 Bayes 点估计等问题。

第 4 章探讨基于记录值样本的指数分布和广义指数分布产品寿命绩效指标的统计推断问题。对于指数分布情形，提出了基于最小方差无偏估计和 Bayes 估计的寿命绩效指标的统计假设检验程序。

第 5 章为本书的总结和研究展望。

2 Bayes 统计推断的基础理论

1939 年，美籍罗马尼亚统计学家瓦尔德（A. Wald）提出，在根据观测数据对总体作出某种论断后同时考虑采用哪种决策，以及会产生怎样的后果。其将不确定意义下的决策科学也纳入到了统计学范围之内，意味着统计决策理论的建立。这一理论是数理统计学上一项重大的革新，具有极大的实际意义。

1763 年，英国学者托马斯·贝叶斯为了解决 James Bernoulli 提出的问题，在《论有关机遇问题的求解》中提出一种归纳推理的理论（Bayes' theorem），后被拉普拉斯等学者发展为一种系统的统计推断方法，这些方法构成了 Bayes 统计（Bayes statistics）的内容。Bayes 统计的基本方法是将关于未知参数的先验信息与样本信息综合，再根据贝叶斯定理得出后验信息，然后根据后验信息去推断未知参数。近半个世纪以来由于其应用的广泛性和良好的统计推断性质吸引了众多学者的关注和研究，已发展成为一套较为完整的统计推断理论体系，并被越来越多地应用于诸如可靠性工程、微型芯片制造、多元生物检测、医疗诊断和军事等各个领域。

本章在学习研究文献 [62~104] 的基础上，将主要介绍 Bayes 统计推断的基础理论。

2.1 统计决策问题的定义

2.1.1 决策问题的三要素

（1）样本空间和分布族。

定义 2.1 设总体 X 的分布函数为 $F(x;\theta)$，Θ 是未知参数，$X_1, X_2, \cdots, X_n$ 是来自总体 X 的一个样本，则样本所有可能值组成的集合称为样本空间，记为 $\mathcal{X}$，且有联合分布函数

$$F(x;\theta) = \prod_{i=1}^{n} F(x_i;\theta), \quad \theta \in \Theta$$

称 F^* 为样本的概率分布族，

$$F^* = \left\{ \prod_{i=1}^{n} F(x_i;\theta), \quad \theta \in \Theta \right\}$$

（2）行动空间（决策空间）。一个统计问题中可能选取的全部决策组成的集合称为决策空间 $A = \{a\}$，一个决策空间最少有两个决策。对于任何参数估计，每一个具体的估计值 a 被称为一个决策。

(3) 损失函数 $L(\theta,a)$。统计决策假定每采取一个决策必有一定的后果,并将不同决策以数量的形式表示出来。若知道样本分布参数 θ 的值,行动空间的每一个行动 a 所导致的损失函数记为 $L(\theta,a)$。$L(\theta,a)$ 是定义在 $\Theta \times \mathcal{A}$ 上的非负实值函数,表示当状态为 θ 采取的行动为 a 时所产生的后果使决策者遭受的损失。

2.1.2 判决函数与风险函数

在损失函数中,一个特殊的 θ 和 a,是固定的,而样本信息 X 是一个随机变量(或向量),人们通常考虑在 X 的各种可能值下,求损失函数 $L(\theta,a)$ 的"平均值"。因此,根据样本选定动作构成一个纯策略的方法,就是下面定义的判决法则:

定义 2.2 任意 $x \in \mathcal{X}$, $a \in \mathcal{A}$,使得 $\delta(x) = a$,则称 $\delta(x)$ 为判决函数。$\delta(x)$ 为从 $\mathcal{X}$ 到 $\mathcal{A}$ 上的一个映射。对非数据问题,决策函数就是一个行动,若无特别声明,本章所讨论的都是非随机化的判决问题。

任何一个判决函数 $\delta(x)$ 都可以作为所给判决问题的解。但是,由于判决函数的选择都是与损失函数的多少相联系,有的可以大些,有的可以小些,故不能判断决策的好坏。因此,为了比较其优劣,在使用判决函数时,需看它们造成的损失是多少。这样,我们必须对损失函数 $L(\theta,a)$ 取平均值,用来从总体上评价、比较判决函数。

定义 2.3 设样本空间为 $\mathcal{X}$,分布族为 F^*,决策空间为 $\mathcal{A}$,$\delta(x)$ 为判决函数,则损失函数 $L(\theta,a)$ 对样本分布 $f(x|\theta)$ 的期望值:

$$R(\theta,\delta) = E_{X|\theta}[L(\theta,\delta(x))] = \begin{cases} \sum_{x \in \mathcal{X}} L(\theta,\delta(x))f(x|\theta) & \text{(离散型)} \\ \int_{\mathcal{X}} L(\theta,\delta(x))f(x|\theta)\mathrm{d}x & \text{(连续型)} \end{cases}$$

(2.1)

为判决函数 $\delta(x)$ 的风险函数,$R(\theta,\delta)$ 表示采取判决法则 $\delta(x)$ 时所蒙受的平均损失($L(\theta,a)$ 的数学期望)。由定义可知,风险就是平均损失,平均损失越小越好。

例 2.1 某投资公司购买了商业购物中心的五楼店铺,该商业店铺有两种状态:θ_1——盈利,θ_2——亏损;有三种决策:a_1——自己经营,a_2——全部出租,a_3——部分出租。如果盈利,选择自己经营,损失为 0,如果亏损而采取 a_1,则未损失为 12,等等。其损失函数见表 2.1。

表 2.1 $L(\theta_i, a_j)$

	a_1	a_2	a_3
θ_1	0	10	5
θ_2	12	1	6

这是一个无数据决策问题，通过市场调查等手段得出商业店铺的两种结果关于 θ 的信息，表示为概率 $P(x|\theta)$，见表 2.2。

表 2.2

	x_1	x_2
θ_1	0.3	0.7
θ_2	0.4	0.6

根据 $R(\theta,\delta)=E_{X|\theta}[L(\theta,\delta(x))]$ 可计算相应的值。

例如：$R(\theta_1,\delta_2)=0\times0.3+10\times0.7=7$，$R(\theta_1,\delta_3)=0\times0.3+5\times0.7=3.5$
计算后得到表 2.3。

表 2.3

	$\delta(x_1)$	$\delta(x_2)$	$R(\theta_1,\delta_i)$	$R(\theta_2,\delta_i)$	$\max\{R(\theta_2,\delta_i),R(\theta_2,\delta_i)\}$
δ_1	a_1	a_1	0	12	12
δ_2	a_1	a_2	7	7.6	7.6
δ_3	a_1	a_3	3.5	9.6	9.6
δ_4	a_2	a_1	3	5.4	5.4
δ_5	a_2	a_3	10	1	10
δ_6	a_2	a_2	6.5	3	6.5
δ_7	a_3	a_1	1.5	8.4	8.4
δ_8	a_3	a_2	8.5	4.0	8.5
δ_9	a_3	a_3	0	6	6

2.2 Bayes 决策准则

2.2.1 三种信息

（1）总体信息。即总体分布或总体所属分布给我们的信息。例如："总体服从标准正态分布"。因此总体信息是非常重要的信息，但人们往往要付出巨大的代价才能获取此类信息。

（2）样本信息。即从总体随机抽取的样本给我们的信息。一直以来，人们希望通过对样本的观测、加工和处理对总体的某些特征做出较为精确的统计推断。例如，我们可根据样本观察值，利用现有知识推测总体的一些特征数（均值、方差等）在一个大致的范围内。

（3）先验信息。即是抽样（试验）之前有关统计问题的一些信息。人们在试验之前对要做的问题在经验上和资料上若是有所了解，则这些信息会简化统计推断的过程。一般来说，先验信息来源于经验和历史资料，在日常生活和工作中非常重要。

统计学分为两个主要学派：经典学派与贝叶斯学派。经典学派的观点认为，统计推断是根据样本信息对总体分布或总体的特征数进行推断，只用到总体信息和样本信息这两种信息。而贝叶斯学派的观点认为，除了上述两种信息以外，统计推断还应该使用第三种信息：先验信息。他们强调在重视使用总体信息和样本信息的同时，也要注意先验信息的收集、挖掘和加工，将它数量化后加入到统计推断中来，以提高统计推断的质量。基本观点是任一未知量 θ 都可以看作是随机变量，可用一个概率分布去描述，这个分布称为先验分布；在获得样本之后，总体分布、样本与先验分布通过贝叶斯公式结合起来得到一个关于未知量 θ 新的分布（后验分布）；任何关于 θ 的统计推断都应该基于 θ 的后验分布进行。

2.2.2 Bayes 定理

2.2.2.1 事件形式的 Bayes 定理

设试验 E 的样本空间为 Ω，A 为 E 的事件，$B_1, B_2, \cdots, B_n$ 为样本空间 Ω 的一个划分，且 $P(A) > 0, P(B_i) > 0 (i = 1, 2, \cdots, n)$

$$P(B_i \mid A) = \frac{P(AB_i)}{P(A)} = \frac{P(B_1)P(A \mid B_i)}{\sum_{i=1}^{n} P(B_i) \cdot P(A \mid B_i)} \quad i = 1, 2, \cdots, n \quad (2.2)$$

贝叶斯公式的意义在于它反映了导致一个事件发生的若干"因素"对这个事件的发生的影响分别有多大。

取 $i = 1$ 时，式（2.12）是条件概率公式的变形：

$$P(B \mid A) = P(B) \frac{P(A \mid B)}{P(A)} \quad (2.3)$$

我们把 $P(B)$ 称为"先验概率"(prior probability)，$P(B \mid A)$ 称为"后验概率"(posterior probability)，即 A 在事件发生之后，我们对 B 事件概率的重新评估。$P(A \mid B)/P(A)$ 称为"可能性函数"(likelihood)，这是一个调整因子，使得预估概率更接近真实概率。所以，条件概率可以理解成：

$$后验概率 = 先验概率 \times 调整因子$$

调整因子 $P(A \mid B)/P(A) > 1$，意味着先验概率 $P(B)$ 被增强，事件 B 的发生的可能性变大；$P(A \mid B)/P(A) = 1$，意味着事件 A 无助于判断事件 B 的可能性；$P(A \mid B)/P(A) < 1$，意味着"先验概率"被削弱，事件 B 的可能性变小[64]。

2.2.2.2 随机变量形式的 Bayes 定理

设 θ 先验分布为 $\pi(\theta)$ 及给定 θ 的条件下 X 的分布为 $F(X \mid \theta)$，则在得到样

本 $X = x$ 后,(θ, X) 的联合密度为:
$$h(x,\theta) = \pi(\theta) f(x|\theta) \tag{2.4}$$
这样就把三种可用的信息都综合进去了。

X 的边际密度为:
$$m(x) = \int_{\Theta} f(x|\theta) \cdot \pi(\theta) \mathrm{d}\theta \tag{2.5}$$

$m(x)$ 中不含 θ 的任何信息。因此能用来对 θ 作出推断的仅是条件分布 $\pi(\theta|x)$,它的计算公式为:

$$\pi(\theta|x) = \frac{f(x,\theta)}{m(x)} = \begin{cases} \dfrac{f(x|\theta)\pi(\theta)}{\sum_{\theta} f(x|\theta)\pi(\theta)} & (\text{离散型}) \\ \dfrac{f(x|\theta)\pi(\theta)}{\int_{\Theta} f(x|\theta)\pi(\theta)\mathrm{d}\theta} & (\text{连续型}) \end{cases} \tag{2.6}$$

在样本 x 给定的条件下,θ 的条件分布被称为 θ 的后验分布。它是集中了总体、样本和先验等三种信息中有关 θ 的一切信息且排除一切与 θ 无关的信息之后所得的结果。因此,基于后验分布 $\pi(\theta|x)$ 对 θ 进行的统计推断更为有效合理。Bayes 统计推断的具体思路可以由图 2.1 给出。

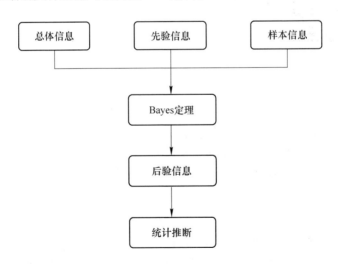

图 2.1 Bayes 统计推断的具体思路图

例 2.2 设某一产品寿命测试结果 $X \sim N(\theta, 100)$,$\pi(\theta) = N(100, 225)$,计算 $\pi(\theta|x)$。

解:
$$X \sim N(\theta, 100), \quad \pi(\theta) = N(100, 225)$$

$$\sigma^2 = 100, \quad \mu = 100, \quad \tau^2 = 100$$

$$h(x,\theta) = \pi(\theta)f(x\mid\theta) = (2\pi 250)^{-1}\exp\left\{-\frac{1}{2}\left[\frac{(\theta-100)^2}{225} + \frac{(x-\theta)^2}{100}\right]\right\}$$

$$m(x) = \left(2\pi\frac{225+100}{22500}\right)^{-\frac{1}{2}}(150)^{-1}\exp\left\{-\frac{(100-x)^2}{2(325)}\right\}$$

$$m(x) = \left(\frac{1}{\sqrt{2\pi}\sqrt{325}}\right)\exp\left\{-\frac{(\mu-x)^2}{2(325)}\right\}$$

即

$$m(x) = N(\mu,\sigma^2+\tau^2) = N(100,325)$$

$$\pi(\theta\mid x) = \left(\frac{\frac{325}{22500}}{2\pi}\right)^{\frac{1}{2}}\exp\left\{-\frac{1}{2}\frac{325}{22500}\left[\theta-\frac{22500}{325}\left(\frac{100}{225}+\frac{x}{100}\right)\right]^2\right\}$$

$$\pi(\theta\mid x) = \frac{1}{\sqrt{2\pi}\cdot\sqrt{69.23}}\exp\left\{-\frac{1}{2}\frac{\left(\theta-\frac{400+9x}{13}\right)^2}{69.23}\right\}$$

即

$$\pi(\theta\mid x) = N\left(\mu(x),\frac{1}{\rho}\right) = N\left(\frac{400+9x}{13},69.23\right)$$

2.2.3 常用的损失函数

(1) 0-1 损失函数:

$$L(\theta,a) = \begin{cases} 0, & |a-\theta|\leq\varepsilon \\ 1, & |a-\theta|>\varepsilon \end{cases} \tag{2.7}$$

$\varepsilon>0$,0 代表没有损失,而 1 代表受到损失。

设对于参数 θ 的检验假设有 $H_0:\theta\in\Theta_1$,$H_1:\theta\in\Theta_2$,在经典推断中,一般采取肯定或是否定两个决策,记为 a_1、a_2,则该问题的损失函数是:

$$L(\theta,a_i) = \begin{cases} 0, & \theta\in\Theta_i \\ 1, & \theta\in\Theta_j \end{cases} \quad (i\neq j) \tag{2.8}$$

若用 $\delta(x)$ 表示检验函数,则风险函数为:

$$R(\theta,\delta) = L(\theta,0)P(\delta(x)=0) + L(\theta,1)P(\delta(x)=1) = \begin{cases} P(\delta(x)=1) \\ P(\delta(x)=0) \end{cases}$$

更一般地,对于多元决策问题有:

$$L(\theta,a_i) = \begin{cases} 0, & \theta\in\Theta_i \\ k_i(\theta), & \theta\in\Theta_j \end{cases} \quad (i\neq j) \tag{2.9}$$

其中 $k_i(\theta)$ 为 θ 真值与 Θ_i 的"距离"的增函数。

(2) 双线性损失函数:

当损失函数趋于线性时的形式为:

$$L(\theta,a) = \begin{cases} k_0(\theta-a), & \theta \geq a \\ k_1(a-\theta), & \theta < a \end{cases} \quad (2.10)$$

其中 $k_0 > 0$,$k_1 > 0$,均为选择常数,是可以反映过高或是过低估计的相对重要性的量。

特别地,当 $k_0 = k_1$ 时,损失函数的形式变为绝对损失函数:

$$L(\theta,a) = |a-\theta|$$

若 k_0、k_1 分别为 θ 的函数,则:

$$L(\theta,a) = \begin{cases} k_0(\theta)(\theta-a), & \theta \geq a \\ k_1(\theta)(a-\theta), & \theta < a \end{cases}$$

我们称其为加权线性损失函数。

双线性损失函数可以表示为:

$$L(\theta,a) = k_0(a-\theta)^- + k_1(a-\theta)^+$$

其中 $(a-\theta)^- = -\min\{(a-\theta),0\}$,$(a-\theta)^+ = \max\{(a-\theta),0\}$。

(3) 平方误差损失函数:

$$L(\theta,a) = (g(\theta)-a)^2 \quad (2.11)$$

若 $\delta(x)$ 是 $g(\theta)$ 的估计量,则风险函数为:

$$R(\theta,\delta) = E[L(\theta,\delta(x))] = E[\delta(x)-g(\theta)]^2$$

即参数 $g(\theta)$ 的平方误差估计问题。

更一般地,平方损失函数为下面加权平方损失函数:

$$L(\theta,a) = w(\theta)(g(\theta)-a)^2, \quad w(\theta) > 0$$

上面可以推广到多元性情况。设 $\theta' = (\theta_1,L,\theta_p)$,$a' = (a_1,L,a_p)$,$Q = (q_{ij})_{P\times P} > 0$,定义二次损失函数为:

$$L(\theta,a) = (\theta-a)'Q(\theta-a) \quad (2.12)$$

当 Q 为对角阵时,上面的损失函数可写成

$$L(\theta,a) = \sum_{i=1}^{p} q_i(\theta_i - a_i)^2$$

易知,上面两式是平方误差损失的自然推广。

(4) LINEX 损失函数:

$$L_b(\theta,\delta) = e^{-b(\theta-\delta)} + b(\theta-\delta) - 1, \quad b > 0 \quad (2.13)$$

式中,δ 是 θ 的估计,b 是 $L(\theta,\delta)$ 的尺度函数。

(5) 熵损失函数:

$$L(\theta,\delta) = \frac{\theta}{\delta} - \ln\frac{\theta}{\delta} - 1 \quad (2.14)$$

还有很多其他的损失函数,如刻度平方误差损失、MLINEX 损失函数、有界误差损失函数等,在后继章节的讨论中会给出相应的介绍。

2.2.4 效用函数和遗憾损失

针对决策问题可能的结果会出现不同的效用值,因此在很多决策问题中,经常采用效用函数,记为 $U = U(\theta, a)$,它表示在状态 θ 采取决策 a 时得到的收益。

若用横坐标表示所采取行动的结果,用纵坐标代表相应的效用值,那么可以得到决策者对风险态度的变化关系曲线,该曲线称为决策者的效用曲线。

损失函数与效用函数的关系:

$$L(\theta, a) = -U(\theta, a) \tag{2.15}$$

为保证效用函数非负,常用以下表达式:

$$L^*(\theta, a) = \sup_{\theta} \sup_{a} U(\theta, a) - U(\theta, a)$$

在实际问题中,常采用的一种损失函数为:

$$\bar{L}(\theta, a) = \sup_{a} U(\theta, a) - U(\theta, a) \tag{2.16}$$

定义 2.4 设 $\mathcal{D} = \{\delta(x)\}$ 是一切定义在样本空间上 $\mathcal{X}$,取值于决策空间 $\mathcal{A}$ 上的全体决策函数,若存在一个判决法则 $\delta^*(x)$,使对任意一个 $\delta(x)$ 都有:

$$R(\theta, \delta^*) \leqslant R(\theta, \delta), \quad \forall \theta \in \Theta; \delta, \delta^* \in D$$

则称 $\delta^*(x)$ 为一致最小风险决策函数,或一致最优决策函数。

可是,除了某些没有现实意义的问题外,已知最优解是不存在的。除非 $\delta(x)$ 是限制在某个判别函数类,类似于 θ 的无偏估计。

很多例子表明,不可能找到一个风险函数,使得对所有的 θ,δ_1 比 δ_2 的风险小。从经典统计看,无偏估计类是一种较小的类。无偏估计可以不存在,即使存在,也可能存在弊病。再说,有偏性也并不总是坏的。譬如,少生产产品会少得些利润,损失小些;多生产了会造成积压,损失大些。因此,对市场容量的一些偏低估计,或许要比无偏估计好。

由于一致最优解不一定存在,因此,我们不去逐个研究决策函数,而是在所有决策函数中(与损失相联系)找出最好的一个。因而必须把标准放宽些,即需要引进比一致最优解更弱的优良准则。这样,我们必须充分利用有关 θ 的第三种信息,就是通过以往经验得到的关于 θ 的信息或猜测,这就是我们所要讨论的 Bayes 统计推断问题。

2.2.5 Bayes 风险

使用先验信息需具有两个前提条件:
(1) 参数是随机的,但有一定的分布规律;
(2) 参数是某一常数,但无法知道。

Bayes 方法就是把未知参数视为具有已知分布的随机变量,将先验信息数字化并利用的一种方法。一般先验分布记为 $\pi(\theta)$。

定义 2.5 若 θ 的概率分布为 $F^{\pi}(\theta)$,决策函数 δ 的风险函数为 $R(\theta,\delta)$,如果记:

$$r(\pi,\delta) = \int_{\Theta} R(\theta,\delta) \mathrm{d}F^{\pi}(\theta) = E^{\pi}[R(\theta,\delta)] = \begin{cases} \sum_{\theta \in \Theta} R(\theta,\delta)\pi(\theta) & \text{(离散型)} \\ \int_{\Theta} R(\theta,\delta)\pi(\theta)\mathrm{d}\theta & \text{(连续型)} \end{cases}$$

(2.17)

则 $r(\pi,\sigma)$(或记 $r_{\pi}(\delta)$)称为 $\delta(x)$ 的 Bayes 风险。若在决策函数类 $\mathcal{D}$ 中存在判别法则 $\delta^*(\cdot)$,使得:

$$r(\pi,\delta^*) = \inf_{\delta \in \mathcal{D}} r(\pi,\delta)$$

则称 δ^* 为 Bayes 法则,或称为决策问题的 Bayes 解。

如果 $\pi(\theta)$ 是正常的,则有:

$$r(\pi,\delta) = E^{\pi}[R(\theta,\delta)] = E^{\pi}E_{\theta}[L(\theta,\delta)]$$

$$= \begin{cases} \sum_{\theta \in \Theta} \sum_{x \in \mathcal{X}} L(\theta,\delta(x))f(X|\theta)\pi(\theta) & \text{(离散型)} \\ \int_{\mathcal{X}} \int_{\Theta} L(\theta,\delta(x))f(X|\theta)\pi(\theta)\mathrm{d}x\mathrm{d}\theta & \text{(连续型)} \end{cases}$$

例 2.3 在例 2.1 中,若令 $\pi(\theta_1) = 0.2$,$\pi(\theta_2) = 0.8$,则 δ 关于 π 的 Bayes 风险为:

$$r(\pi,\delta) = 0.2 \times R(\theta_1,\delta) + 0.8 \times R(\theta_2,\delta)$$

由表 2.2 可得表 2.4。

表 2.4

i	1	2	3	4	5	6	7	8	9
$r(\pi,\delta_i)$	9.6	7.48	8.38	4.92	2.8	3.7	7.02	4.9	5.8

由表 2.4 可知 δ_5 是对给定先验 π 的唯一 Bayes 解,δ_5 此时的风险值为 2.8。

2.2.6 后验风险与判别法则

定义 2.6 设损失函数为 $L(\theta,\delta)$,如果记:

$$R(\delta|x) = \begin{cases} \sum_{x \in \Theta} L(\theta,\delta)f(\theta|x) & \text{(离散型)} \\ \int_{\Theta} L(\theta,\delta)f(\theta|x)\mathrm{d}\theta & \text{(连续型)} \end{cases}$$

则 $R(\delta|x)$ 为后验风险函数。

引理 2.1 对任意先验 π 和判决规则 δ,Bayes 风险函数的另一种形式为:

$$r(\pi,\delta) = E^X[E^{\theta|X}\{L(\theta,\delta(x))\}] \tag{2.18}$$

定理 2.1 对统计决策问题 $[\Theta^*, \mathcal{D}, R(\pi,\theta)]$，如果 δ^* 使得 $R(\delta^*|x) = \min R(\delta|x)$ 对一切 x 成立，那么 δ^* 是关于 $\pi(\theta)$ 的 Bayes 解。

例 2.4 在例 2.1 中，若令 $\pi(\theta_1) = 0.2$，$\pi(\theta_2) = 0.8$，则可计算：

$$f(\theta_1|X=x_1) = \frac{1}{9}, \qquad f(\theta_1|X=x_1) = \frac{8}{9}$$

$$R(a_1|x_1) = \frac{1}{9}L(\theta_1,a_1) + \frac{8}{9}L(\theta_2,a_1) = 10.67$$

$$R(a_2|x_1) = \frac{1}{9}L(\theta_1,a_2) + \frac{8}{9}L(\theta_2,a_2) = 2$$

$$R(a_3|x_1) = \frac{1}{9}L(\theta_1,a_3) + \frac{8}{9}L(\theta_2,a_3) = 5.89$$

可以看到，a_2 有最小后验风险，$\delta^*(x_1) = a_2$。同样可以计算 $\delta^*(x_2) = a_2$，因此 $\delta^* = \delta_5$，与前面例 2.2 结果相同。

定理 2.2 若存在判决函数 $\delta^*(\cdot)$，使得：

$$R(\delta^*(x)|x) = \inf_{a}\{R(a|x)\} \tag{2.19}$$

则称 δ^* 为 Bayes 法则。其中 $R(a|x) = E[L(\theta,a)|X=x]$。

定理 2.2 是著名的后验风险最小原理。我们可以利用这一原理，得到一个好的判决法则，并用它进行估计、检验。

常用损失函数和估计见表 2.5。

表 2.5 常用损失函数和估计

损失函数	Bayes 估计
$|a-\theta|$	$\delta(x) = \pi^{-1}(0.5|X)$
$(a-\theta)^2$	$\delta(x) = E^{\theta|X}(\theta|X)$
$w(\theta)(a-\theta)^2$	$\delta(x) = E^{\theta|X}\{\theta w(\theta)|X\}/E^{\theta|X}\{w(\theta)|X\}$
$k_0(a-\theta)^- + k_1(a-\theta)^+$	$\delta(x) = \pi^{-1}\left(\frac{k_0}{k_0+k_1}\Big|X\right)$

定义 2.7 δ_M 称为最小最大决策函数，若 δ_M 满足：

$$\max_{\theta \in \Theta} R(\theta,\delta_M) = \min_{\delta \in D}\max_{\theta \in \Theta} R(\theta,\delta) \tag{2.20}$$

显而易见，最小最大法则的原理是：在最不利的状态下，选择使损失最小的法则。δ_M 也称作统计决策问题的 minmax 解。

判决规则 δ_M 为 minmax 解当且仅当对所有的 θ' 和 δ 有：

$$R(\theta',\delta_M) = \max_{\theta} R(\theta,\delta)$$

由表 2.3 最右列可知，例 2.1 的最小最大法则是 δ_4，对应的最小最大风险值是5.4,而前面计算的结果为δ_5,风险值为2.8,这是因为最小最大法则是保守的。

2.3 几类常见的可靠性分布

2.3.1 伽玛分布

定义2.8 如果随机变量X具有概率密度函数:

$$p(x) = \begin{cases} \dfrac{\lambda^r}{\Gamma(r)} x^{r-1} e^{-\lambda x}, & x > 0 \\ 0, & x \leq 0 \end{cases}$$

则称X服从伽玛分布,记作$X : \Gamma(r, \lambda)$,$r > 0$,$\lambda > 0$。

性质1 当$r = 1$时,伽玛分布就是参数为λ的指数分布。

性质2 当$r = \dfrac{n}{2}$,$\lambda = \dfrac{1}{2}$时,为自由度为n的χ^2分布。

性质3 $E(X) = \dfrac{\alpha}{\lambda}$,$\mathrm{Var}(X) = \dfrac{\alpha}{\lambda^2}$。

几个伽玛分布的密度函数图形见图2.2。

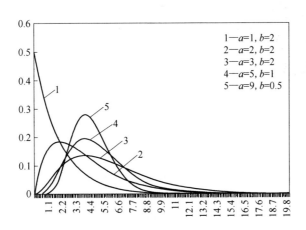

图2.2 几个伽玛分布的密度函数图形

2.3.2 贝塔分布

定义2.9 如果随机变量X具有概率密度函数:

$$p(x) = \begin{cases} \dfrac{\Gamma(a+b)}{\Gamma(a)\Gamma(b)} x^{a-1}(1-x)^{b-1}, & 0 \leq x \leq 1 \\ 0, & \text{其他} \end{cases}$$

则称X服从贝塔分布,记作$X : B(\alpha, \beta)$,$\alpha > 0$,$\beta > 0$。

性质1 当 $\alpha=\beta=1$ 时，X 服从 $[0,1]$ 上的均匀分布；

性质2
$$E(X) = \frac{\alpha}{\alpha+\beta}$$
$$\mathrm{Var}(X) = \frac{\alpha\beta}{(\alpha+\beta)^2(\alpha+\beta+1)}$$

几个贝塔分布的密度函数图形见图 2.3。

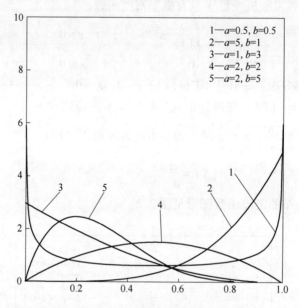

图 2.3 几个贝塔分布的密度函数图形

2.3.3 帕累托分布

定义 2.10 如果随机变量 X 具有概率密度函数：
$$p(x) = \frac{\alpha}{\beta}\left(\frac{\beta}{x}\right)^{\alpha+1}$$

则称 X 服从帕累托分布，记作 $X:Pa(\alpha,\beta)$，$\alpha>0$，$\beta>0$。

性质 $E(X) = \dfrac{\alpha\beta}{\alpha-1}$，$a>1$，$\mathrm{Var}(X) = \dfrac{\alpha\beta^2}{(\alpha-1)^2(\alpha-2)}$，$\alpha>2$。

2.4 先验分布

2.4.1 主观概率

主观概率是根据确凿、有效的证据，对随机事件所做出的主观判断和设计的概率，是一种概率测度。

以下通过参数取值的两种情形来讨论主观概率的确定。

（1）参数 θ 为离散时。当参数 θ 取值为离散时，主观概率确定的方法为：根据已有经验，通过对事件的比较，确定它们的相对似然性。

（2）参数 θ 为连续时。当参数 θ 取值为连续时，将借助已有的信息获得参数 θ 的先验密度（或先验分布）。一般常用的方法有直方图法（图 2.4）、相对似然法、给定参数形式、累计分布函数法。但是不管按照什么方法确定的主观概率必须满足概率的三条公理。

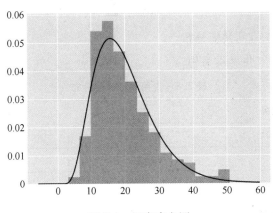

图 2.4　概率直方图

2.4.2　共轭先验分布及超参数的确定

定义 2.11　设 θ 是总体分布的未知参数（或参数向量），$\pi(\theta)$ 是 θ 的先验密度函数，若通过样本观测值算得的后验密度函数 $\pi(\theta|x)$ 与 θ 的先验密度函数 $\pi(\theta)$ 有相同的函数形式，则称 $\pi(\theta)$ 是 θ 的共轭先验分布。

在给定样本似然函数 $f(x|\theta)$（总体分布与样本结合）和先验分布 $\pi(\theta)$ 的条件下，可利用贝叶斯公式计算后验分布：

$$\pi(\theta|x) = f(x|\theta) \cdot \pi(\theta)/m(x)$$

由于 $m(\theta)$ 不依赖于 θ，在计算后验分布时仅起到一个正则化因子的作用，并不影响后验分布的形式，因此为了简便，通常只考察后验分布的"核"，即如下等价形式：

$$\pi(\theta|x) \propto f(x|\theta) \cdot \pi(\theta) \tag{2.21}$$

符号"$\propto$"两边仅相差一个常数因子。它的右边是后验分布的"核"，只要核与某已知分布的核相同就可断定后验分布所属的分布簇。

例 2.5　设 $X \sim p(\lambda)$，$\pi(\lambda) \sim \Gamma(\alpha,\mu)$，试确定 $\pi(\lambda|x)$。

解：先验密度为：

$$\pi(\lambda) = \frac{\mu^\alpha \lambda^{\alpha-1}}{\Gamma(\alpha)} \exp(-\mu\lambda) \propto \lambda^{\alpha-1} \exp(-\mu\lambda)$$

似然函数为：

$$f(x|\lambda) = \prod_{i=1}^{n} \frac{\lambda^{x_i}}{x_i!} \exp(-\lambda) = \frac{\lambda^t \exp(-n\lambda)}{x_1! x_2! \cdots x_n!}, \quad t = \sum_{i=1}^{n} x_i$$

则先验密度的核为：

$$\pi(\lambda|x) \propto \pi(\pi) f(x|\lambda) \propto \lambda^{\alpha+t-1} \exp[-(n+\mu)\lambda]$$

$$\pi(\lambda|x) \sim \Gamma\left(a + \sum_{i=1}^{n} x_i, n + \mu\right)$$

所以 $\Gamma(\alpha,\lambda)$ 是 $P(\lambda)$ 的共轭分布。

常用共轭先验分布见表 2.6。

表 2.6 常用共轭先验分布

总 体 分 布	参 数	共轭先验分布
二项分布	成功概率 θ	贝塔分布 $B(\alpha,\beta)$
泊松分布	均值 λ	伽玛分布 $\Gamma(\alpha,\beta)$
指数分布	均值的倒数 λ	伽玛分布 $\Gamma(\alpha,\beta)$
正态分布(方差已知)	均值 μ	正态分布 $N(\mu,\tau^2)$
正态分布(均值已知)	方差 σ^2	倒伽玛分布 $I\Gamma(\alpha,\lambda)$
均匀分布 $U(0,\theta)$	θ	帕累托分布

定义 2.12 先验分布中所含的未知参数称为超参数。

例如表 2.6 中，假定二项分布中的参数 $\theta \sim B(\alpha,\beta)$，$\alpha$、$\beta$ 均未知，则为超参数。共轭先验分布中常含有超参数，下面介绍超参数的确定方法。

2.4.2.1 利用先验矩确定超参数

基本方法是先用从历史数据整理加工获得的实际数据估计先验分布的各阶矩，利用这些数据计算一阶原点矩和二阶中心矩：

$$\bar{\theta} = \frac{1}{n} \sum \theta_i$$

$$s_\theta^2 = \frac{1}{n-1} \sum (\theta_i - \bar{\theta})^2$$

再用各阶实际计算的经验矩与先验分布的理论上的同阶矩相等构成方程（或方程组），解方程即可求得各超参数。

例 2.6 设 $x_1, x_2, \cdots, x_n$ 是来自指数分布 $e(\lambda)$ 的样本，指数分布的密度函数为：

$$p(x|\lambda) = \lambda e^{-\lambda x}, \qquad x > 0$$

若从先验信息得知先验均值为 0.003,先验标准差为 0.001,请确定其超参数。

解:由表 2.6 可知伽玛分布 $\Gamma(\alpha,\beta)$ 是参数 λ 的共轭先验分布,且有均值与方差:

$$\mu_\lambda = \frac{\alpha}{\beta}, \qquad \sigma_\lambda^2 = \frac{\alpha}{\beta^2}$$

构造方程组:

$$\begin{cases} \dfrac{\alpha}{\beta} = \bar{\lambda} = 0.003 \\ \dfrac{\alpha}{\beta^2} = s_\lambda^2 = 10^{-6} \end{cases}$$

便可解得:

$$\alpha = 9, \qquad \beta = 3000$$

2.4.2.2 利用先验分位数

假定通过先验信息可以确定先验分布 $\pi(\theta)$ 的分位数,则从理论上可以利用分位数来确定超参数。例如用上、下四分位数 Q_L 和 Q_U 来确定 $B(\alpha,\beta)$ 的超参数:

$$\begin{cases} \int_0^{\theta_L} \dfrac{\Gamma(\alpha+\beta)}{\Gamma(\alpha)\Gamma(\beta)} \theta^{\alpha-1}(1-\theta)^{\beta-1} d\theta = 0.25 \\ \int_{\theta_U}^1 \dfrac{\Gamma(\alpha+\beta)}{\Gamma(\alpha)\Gamma(\beta)} \theta^{\alpha-1}(1-\theta)^{\beta-1} d\theta = 0.25 \end{cases}$$

2.4.2.3 利用先验分位数和先验矩

假定通过先验信息可以确定先验分布 $\pi(\theta)$、先验均值 $\bar{\theta}$(或先验方差等)及其 p 分位数 Q_p,则从理论上讲,可同时利用先验矩和 p 分位数建立以下方程:

$$E(X) = \bar{\theta}$$

$$\int_0^{\theta_p} \pi(\theta) d\theta = p$$

来确定超参数。

2.4.2.4 其他方法

主要是利用所获得的不全面的先验信息进行分析的方法。原则是:在其他信息未知的条件下,超参数的确定应该使得先验分布的方差较小。

2.4.3 利用边缘分布确定先验

设 X 的条件密度为 $f(x|\theta)$,θ 是随机变量,概率密度为 $\pi(\theta)$,则得到联合

分布 $h(x,\theta) = f(x|\theta)\pi(\theta)$。

定义 2.13 X 的边际密度为：

$$m(x) = m(x|\pi) = \int_\Theta f(x|\theta)\mathrm{d}F^\pi(\theta) = \begin{cases} \int_\Theta f(x|\theta)\pi(\theta)\mathrm{d}\theta & \text{（连续型）} \\ \sum_\Theta f(x|\theta)\pi(\theta) & \text{（离散型）} \end{cases}$$

设 $\boldsymbol{\theta} = (\theta_1,\theta_2,\cdots,\theta_p)$ 是一个向量，$\theta_1,\theta_2,\cdots,\theta_p$ 独立同分布于 π_0，$\boldsymbol{X} = (X_1,X_2,\cdots,X_P)$，$X_i \sim f(x_i|\theta_i)$，且 X_i 相互独立，则 X_i 的共同边际分布为：

$$m(x_i|\pi_0) = \int_\Theta f(x_i|\theta_i)\mathrm{d}F^{\pi_0}(\theta_i) \tag{2.22}$$

$X_1,X_2,\cdots,X_P$ 可以看作是取自 m_0 的一个随机样本，这个结论也可以直接算出（以连续型密度为例）：

$$\begin{aligned} m(x|\pi) &= \int_\Theta f(x|\theta)\pi(\theta)\mathrm{d}\theta \\ &= \int_\Theta \prod_{i=1}^p f(x_i|\theta_i) \prod_{i=1}^p \pi_0(\theta_i)\mathrm{d}\theta \\ &= \prod_{i=1}^p \int_\Theta f(x_i|\theta_i)\pi_0(\theta_i)\mathrm{d}\theta \\ &= \prod_{i=1}^p m(x_i|\pi_0) \end{aligned}$$

这样就可以估计 $m(x|\pi_0)$，再由此估计出 $\pi_0(\theta)$。

(1) 选择先验的 ML-II 方法：

定义 2.14 设 Γ 是一类先验分布族，$\hat{\pi} \in \Gamma$，

$$m(x|\hat{\pi}) = \sup_{\pi \in \Gamma}\{m(x|\pi)\}$$

则称 $\hat{\pi}$ 为 II 型最大似然先验分布。

(2) 选择先验的矩方法：

引理 2.2 令 $\mu_f(\theta)$ 和 $\sigma_f^2(\theta)$ 分别表示 X 关于密度 $f(x|\theta)$ 的期望与方差，μ_m 和 σ_m^2 分别表示 X 的边缘密度 $m(x)$ 的期望与方差，假定他们都存在，则有：

$$\mu_m = E^\pi(\mu_f(\theta))$$
$$\sigma_m^2 = E^\pi[\sigma_f^2(\theta)] + E^\pi[(\mu_f(\theta) - \mu_m)^2]$$

推论 2.1 $\mu_f(\theta) = \theta$，则 $\mu_m = \mu_\pi$，其中：$\mu_\pi = E^\pi(\theta)$

推论 2.2 若 $\sigma_f^2(\theta) = \sigma_f^2$（与 θ 无关的常数），则 $\sigma_m^2 = \sigma_f^2 + \sigma_\pi^2$ 其中 σ_π^2 为先验方差。

2.4.4 确定先验分布的最大熵方法

在实际中，我们往往只能得到一部分信息，Jaynes（1968）提出利用分布的

熵来确定先验分布。

定义 2.15 设 Θ 为离散参数集，π 为 Θ 上的一个概率密度，如果记：

$$H(\pi(\theta)) = -E^\pi[\ln\pi(\theta)] = -\sum_{i=1}^m \pi(\theta_i)\ln\pi(\theta_i)$$

则称 $H(\pi(\theta))$ 为 π 的熵。

若部分先验信息由下式给出：

$$E^\pi[g_k(\theta)] = \sum_{i=1}^m g_k(\theta_i)\pi(\theta_i) = \mu_k, \quad k=1,2,\cdots,m$$

则在上式约束下使 $H(\pi(\theta))$ 取最大值时的 $\pi(\theta)$ 为 π 的熵。

$$\overline{\pi}(\theta) = \frac{\exp\left[\sum_{k=1}^m \lambda_k g_k(\theta)\right]}{\sum_{i=1}^n \exp\left[\sum_{k=1}^m \lambda_k g_k(\theta)\right]} \tag{2.23}$$

定义 2.16 设 Θ 为连续参数，且存在不变无信息先验分布 π_0，π 为 Θ 上的一个概率密度，如果记：

$$H(\pi(\theta)) = -E^\pi\left[\ln\frac{\pi(\theta)}{\pi_0(\theta)}\right] = -\int_\Theta \pi(\theta)\ln\frac{\pi(\theta)}{\pi_0(\theta)}d\theta$$

则称 $H(\pi(\theta))$ 为 π 的熵。

例 2.7 设 $\Theta = \{0,1,2,\cdots\}$，$g_1(\theta)=\theta$，$E^\pi(\theta)=\mu_1=5$，则最大熵先验分布为：

$$\overline{\pi}(\theta) = \frac{\exp[\lambda_1\theta]}{\sum_{\theta=0}^{+\infty}\exp(\lambda_1\theta)} = \frac{(e^{\lambda_1})^\theta}{\dfrac{1}{1-e^{\lambda_1}}} = (1-e^{\lambda_1})(e^{\lambda_1})^\theta$$

且 $\overline{\pi}(\theta)$ 服从 $\alpha=1$，$p=e^{\lambda_1}$ 的负二项分布：

$$f(x\mid\alpha,p) = \frac{\Gamma(\alpha+x)}{\Gamma(1+x)\Gamma(\alpha)}p^\alpha(1-p)^x$$

均值 $\mu = \dfrac{\alpha(1-p)}{p}$。

因为
$$E(\theta) = (1-e^{\lambda_1})(e^{\lambda_1})^{-1} = 5$$

所以
$$(1-e^{\lambda_1}) = 5(e^{\lambda_1}) \Rightarrow e^{\lambda_1} = \frac{1}{6}$$

$$\overline{\pi}(\theta) = \left(1-\frac{1}{6}\right)\left(\frac{1}{6}\right)^\theta = \frac{5}{6}\cdot\left(\frac{1}{6}\right)^\theta$$

例 2.8 设 $\Theta = R^1$，θ 为一位置参数，则自然无信息先验 $\pi_0(\theta)=1$，先验分布均值 μ 与方差 σ^2 已知，$g_1(\theta)=\theta$，$\mu_1=\mu$，$g_2(\theta)=(\theta-\mu)^2$，$\mu_2=\sigma^2$，则最大熵先验分布为：

$$\overline{\pi}(\theta) = \frac{\exp[\lambda_1 \theta + \lambda_2(\theta-\mu)^2]}{\int_\Theta \exp[\lambda_1 \theta + \lambda_2(\theta-\mu)^2]d\theta}$$

其中，λ_1 和 λ_2 是由 $E^\pi[g_k(\theta)] = \int_\Theta g_k(\theta)\pi(\theta)d\theta = \mu_k (k=1,2,\cdots,m)$ 确定的参数。

$$\lambda_1\theta + \lambda_2(\theta-\mu)^2 = \lambda_2\theta^2 + (\lambda_1 - 2\mu\lambda_2)\theta + \lambda_2\mu^2$$
$$= \lambda_2\left[\theta - \left(\mu - \frac{\lambda_1}{2\lambda_2}\right)\right]^2 + \left[\lambda_1\mu - \frac{\lambda_1^2}{4\lambda_2}\right]$$

$$\overline{\pi}(\theta) = \frac{\exp\left\{\lambda_2\left[\theta - \left(\mu - \frac{\lambda_1}{2\lambda_2}\right)\right]^2\right\}\exp\left(\lambda_1\mu - \frac{\lambda_1^2}{4\lambda_2}\right)}{\int_{-\infty}^{+\infty}\exp\left\{\lambda_2\left[\theta - \left(\mu - \frac{\lambda_1}{2\lambda_2}\right)\right]^2\right\}\exp\left(\lambda_1\mu - \frac{\lambda_1^2}{4\lambda_2}\right)d\theta}$$

$$\overline{\pi}(\theta) = \frac{A\exp\left\{\lambda_2\left[\theta - \left(\mu - \frac{\lambda_1}{2\lambda_2}\right)\right]^2\right\}}{A\int_{-\infty}^{+\infty}\exp\left\{\lambda_2\left[\theta - \left(\mu - \frac{\lambda_1}{2\lambda_2}\right)\right]^2\right\}d\theta}$$

$$= B\exp\left\{\lambda_2\left[\theta - \left(\mu - \frac{\lambda_1}{2\lambda_2}\right)\right]^2\right\}$$

B 为常数，因此 $\overline{\pi}(\theta)$ 为均值 $\mu - \frac{\lambda_1}{2\lambda_2}$，方差为 $-\frac{1}{2\lambda_2}$ 的正态分布，又由：

$$\begin{cases} \mu = \mu_1 = \int_{-\infty}^{+\infty}\overline{\pi}(\theta)g_1(\theta)d\theta = B\int_{-\infty}^{+\infty}\theta\exp\left\{\lambda_2\left[\theta - \left(\mu - \frac{\lambda_1}{2\lambda_2}\right)\right]^2\right\}d\theta \\ \sigma^2 = \mu_2 = \int_{-\infty}^{+\infty}\overline{\pi}(\theta)g_2(\theta)d\theta = B\int_{-\infty}^{+\infty}(\theta-\mu)^2\exp\left\{\lambda_2\left[\theta - \left(\mu - \frac{\lambda_1}{2\lambda_2}\right)\right]^2\right\}d\theta \end{cases}$$

计算得：

$$\lambda_1 = 0, \quad \lambda_2 = -\frac{1}{2\sigma^2}$$

将 λ_1 和 λ_2 代入，则有 $\overline{\pi}(\theta) \sim N(\mu,\sigma^2)$。

2.4.5 Jeffreys 先验分布

定义 2.17 设 $X = (x_1,x_2,\cdots,x_n)$ 是来自密度函数 $f(x|\theta)$ 的一个样本，$\boldsymbol{\theta} = (\theta_1,\theta_2,\cdots,\theta_p)$ 为 p 维参数向量，在无验前信息可用时，可用 Fisher 信息阵的平方

根作为 θ 的先验密度的核，这样的方法称为 Jeffreys 准则。

Jeffreys 准则寻求先验分布的一般步骤：

（1）写出样本的对数似然函数：

$$l(\boldsymbol{\theta}|x) = \sum_{i=1}^{n} \ln f(x_i|\boldsymbol{\theta}) \qquad (2.24)$$

（2）计算 $\boldsymbol{\theta}$ 的 Fisher 信息量：

$$I(\boldsymbol{\theta}) = -E^{x|\theta}\left(\frac{\partial^2 \ln L(\boldsymbol{\theta}|x)}{\partial \boldsymbol{\theta}^2}\right)$$

$$I(\boldsymbol{\theta}) = -nE^{x|\theta}\left(\frac{\partial^2 \ln f(\boldsymbol{\theta}_i|x)}{\partial \boldsymbol{\theta}^2}\right) \qquad (2.25)$$

可以看到，n 个样本包含的关于参数 $\boldsymbol{\theta}$ 的信息量为一个样本所包含信息的 n 倍。特别在单参数 $p=1$ 时，有：

$$I(\boldsymbol{\theta}) = E^{x|\theta}\left(-\frac{\partial^2 l}{\partial \boldsymbol{\theta}^2}\right)$$

（3）得到 $\boldsymbol{\theta}$ 的无信息先验密度为：

$$\pi(\boldsymbol{\theta}) \propto [\det I(\boldsymbol{\theta})]^{\frac{1}{2}} \qquad (2.26)$$

其中 $\det I(\boldsymbol{\theta})$ 表示 $P \times P$ 阶信息阵 $I(\boldsymbol{\theta})$ 的行列式。

一般地，θ 的先验密度并不唯一。

例 2.9 设 $X = (x_1, \cdots, x_n)$ 为来自正态分布 $N(\theta, \sigma^2)$ 的一组样本，求 $\theta = N(\mu, \sigma^2)$ 的 Jeffreys 验前分布。

$$l(\theta|X) = \sum_{i=1}^{n} \ln\left[\frac{1}{\sqrt{2\pi}\sigma}e^{-\frac{x_i-\mu}{2\sigma^2}}\right] \Rightarrow l(\mu, \sigma)$$

$$= \frac{1}{2}\ln(2\pi) - n\ln\sigma - \frac{1}{2\sigma^2}\sum_{i=1}^{n}(x_i - \mu)^2$$

其 Fisher 信息阵：

$$I(\mu, \sigma) = \begin{pmatrix} E\left(-\frac{\partial^2 l}{\partial \mu^2}\right) & E\left(-\frac{\partial^2 l}{\partial \mu \partial \sigma}\right) \\ E\left(-\frac{\partial^2 l}{\partial \mu \partial \sigma}\right) & E\left(-\frac{\partial^2 l}{\partial \sigma^2}\right) \end{pmatrix} = \begin{bmatrix} \frac{n}{\sigma^2} & 0 \\ 0 & \frac{2n}{\sigma^2} \end{bmatrix}$$

$$\Rightarrow \det I(\mu, \sigma) = 2n\sigma^{-4}$$

因此，参数 θ 的 Jeffreys 验前分布为：

$$\pi(\mu, \sigma) = \sqrt{2n}\sigma^{-2} \propto \sigma^{-2} \qquad (2.27)$$

2.4.6 Reference 先验

Bernardo（1979）从信息量准则出发提出一种全新的无信息先验选取方法。

其基本准则为：给定观测数据，使得参数的先验分布和后验分布之间 Kullback-Liebler（K-L）距离最大。当模型中没有讨厌参数时，Reference 先验就是 Jeffreys 先验，特别是对于单参数模型。当模型中存在讨厌参数时，则 Reference 先验和 Jeffreys 先验会不同。

定义 2.18 设 $X = (x_1, \cdots, x_n)$ 是来自某个总体的样本，总体分布函数为 $F(x|\theta)$，其中 θ 为参数（向量），θ 的先验密度为 $\pi(\theta)$，后验密度为 $\pi(\theta|x)$，称 $\pi^*(\theta)$ 为参数 θ 的 Reference 先验，如果它在先验分布类 $P = \{\pi(\theta) > 0 : \int_\Theta \pi(\theta|x)\mathrm{d}\theta < \infty\}$ 中，先验分布 $\pi(\theta)$ 到后验分布 $\pi(\theta|x)$ 的 K-L 距离最大。

2.5 Bayes 估计和假设检验

Bayes 学派认为，参数的后验分布集先验信息和样本信息于一身，包含了 θ 的所有可供利用的信息，所以有关的点估计、区间估计和假设检验等统计推断都要基于后验分布来进行。

2.5.1 后验分布的计算

定义 2.19 设 $X = (x_1, \cdots, x_n)$ 是来自某个总体的样本，总体分布函数为 $F(x|\theta)$，统计量 $T = T(x_1, x_2, \cdots, x_n)$ 称为 θ 的充分统计量，如果在给定 T 的取值后，$x_1, \cdots, x_n$ 的条件分布与 θ 无关。

定理 2.3 （因子分解定理）设总体概率函数为 $f(x|\theta)$，$X_1, X_2, \cdots, X_n$ 为样本，则 $T = T(x_1, x_2, \cdots, x_n)$ 为充分统计量的充分必要条件是：存在两个函数 $g(t;\theta)$ 和 $h(x_1, x_2, \cdots, x_n)$，使得对任意的 θ 和任一组观测值 $x_1, x_2, \cdots, x_n$，有：

$$f(x_1, x_2, \cdots, x_n|\theta) = g(T(x_1, x_2, \cdots, x_n)|\theta)h(x_1, x_2, \cdots, x_n) \quad (2.28)$$

其中 $g(t;\theta)$ 是通过统计量 T 的取值而依赖于样本的。

定理 2.4 设 $X = (x_1, \cdots, x_n)$ 是来自密度函数 $f(x|\theta)$ 的一个样本，$T = T(x)$ 是统计量，它的密度函数为 $f(t|\theta)$，又设 $\mathscr{H} = \{\pi(\theta)\}$ 是 θ 的某个先验分布族，则 $T(x)$ 为 θ 的充分统计量的充要条件是对任一先验分布 $\pi(\theta) \in \mathscr{H}$，有：

$$\pi(\theta|T(x)) = \pi(\theta|x) \quad (2.29)$$

即用样本密度函数 $f(x|\theta)$ 算得的后验分布与统计量 $T(x)$ 算得的后验分布是相同的。

例 2.10 设 $X = (x_1, \cdots, x_n)$ 为来自正态分布 $N(\theta, \sigma^2)$ 的一个样本。其中 σ^2 已知，正态均值 θ 的先验分布为正态分布 $\pi(\theta) \sim N(\mu, \tau^2)$，求 θ 的后验密度。

解：此样本的似然函数为

$$f(x|\theta) = (2\pi)^{-\frac{n}{2}}\sigma^{-n}\exp\left\{-\frac{1}{2\sigma^2}\sum_{i=1}^{n}(x_i - \mu)^2\right\}$$

$$= (2\pi)^{-\frac{n}{2}} \sigma^{-n} \exp\left\{ -\frac{1}{2\sigma^2}[Q + n(\bar{x} - \mu)^2] \right\}$$

其中，$\bar{x} = \frac{1}{n}\sum_{i=1}^{n} x_i$，$Q = \sum (x_i - \bar{x})^2$。

则 θ 的后验密度：

$$\pi(\theta|x) = \frac{\pi(\theta) \exp\left\{ -\frac{1}{2\sigma^2}[Q + n(\bar{x} - \mu)^2] \right\}}{\int_{-\infty}^{\infty} \pi(\theta) \exp\left\{ -\frac{1}{2\sigma^2}[Q + n(\bar{x} - \mu)^2] \right\} d\theta}$$

因 $\bar{x} \sim N\left(\theta, \frac{\sigma^2}{n}\right)$，可得 $\bar{x}$ 的分布：

$$p(\bar{x}|\theta) = \frac{\sqrt{n}}{\sqrt{2\pi}\sigma} \exp\left\{ -\frac{1}{2\sigma^2}(\bar{x} - \mu)^2 \right\}$$

利用相同的先验分布 $\pi(\theta)$ 可得在给定 $\bar{x}$ 下的后验分布：

$$\pi(\theta|\bar{x}) = \frac{\pi(\theta) \exp\left\{ -\frac{1}{2\sigma^2}[Q + n(\bar{x} - \mu)^2] \right\}}{\int_{-\infty}^{\infty} \pi(\theta) \exp\left\{ -\frac{1}{2\sigma^2}[Q + n(\bar{x} - \mu)^2] \right\} d\theta}$$

比较这两个后验密度可得：

$$\pi(\theta|x) = \pi(\theta|\bar{x}) \tag{2.30}$$

由此可见，用充分统计量 $\bar{x}$ 的分布算得的后验分布与用样本分布算得的后验分布是相同的。

同样，可用充分统计量的性质得出有关充分性的决策论结果。

定理2.5 设 $T(x)$ 为 θ 的充分统计量，$\delta_0(x)$ 为 D 中任意的决策函数，则存在一个只与 $T(x)$ 有关的决策函数 $\delta_1(x)$，它与 $\delta_0(x)$ 是 R 等价的。

实际问题中往往含有多个未知参数，在 Bayes 理论框架下处理多参数的方法与处理单参数方法相似，先根据先验信息给出参数的先验分布，然后按贝叶斯公式算得后验分布。

在多参数问题中，人们常常关心的是其中一个或少数几个参数，这时其余参数常被称为讨厌参数或多余参数。

在处理讨厌参数上，贝叶斯方法要比经典方法方便得多。

例如某分布含有两个参数 α、β，若人们仅 α 对感兴趣，为了获得 α 的边际后验密度，只要对 β 积分即可，即：

$$\pi(\alpha|x) = \int \pi(\alpha, \beta|x) d\beta \tag{2.31}$$

2.5.2 Bayes 估计

后验分布 $\pi(\theta|x)$ 是在样本给定下 θ 的条件分布,基于后验分布的统计推断就意味着只考虑已出现的数据(样本观察值),而认为未出现的数据与推断无关,这一重要的观点被称为"条件观点",基于这种观点提出的统计推断方法被称为条件方法。

Bayes 估计包括点估计和区间估计,与经典统计不同,其方法只依赖后验分布。

2.5.2.1 点估计

定义 2.20 使后验密度 $\pi(\theta|x)$ 达到最大的值 θ_{MD} 称为最大后验估计;后验分布的中位数 $\hat{\theta}_{Me}$ 称为 θ 的后验中位数估计;后验分布的期望值 $\hat{\theta}_E$ 称为 θ 的后验期望估计,这三个估计也都称为 θ 的 Bayes 估计估计,记为 $\hat{\theta}_B$,在不引起混乱时也记为 $\hat{\theta}$。

在一般情形下,这三种 Bayes 估计是不相同的,但当后验密度函数对称时,这三种 Bayes 估计便会重合。

定义 2.21 设参数 θ 的后验分布 $\pi(\theta|x)$ 的贝叶斯估计为 $\hat{\theta}$,则 $(\theta-\hat{\theta})^2$ 的后验期望:

$$\mathrm{MES}(\hat{\theta}|x) = E^{\theta|x}(\theta-\hat{\theta})^2 \qquad (2.32)$$

称为 $\hat{\theta}$ 的后验均方差,而其平方根 $[\mathrm{MES}(\hat{\theta}|x)]^{1/2}$ 称为 $\hat{\theta}$ 的后验标准误,其中符号 $E^{\theta|x}$ 表示用条件分布 $\pi(\theta|x)$ 求期望。当 $\hat{\theta}$ 为 θ 的后验期望 $\hat{\theta}_E = E(\theta|x)$ 时,则

$$\mathrm{MES}(\hat{\theta}_E|x) = E^{\theta|x}(\theta-\hat{\theta}_E)^2 = \mathrm{Var}(\theta|x) \qquad (2.33)$$

称为后验方差,其平方根 $[\mathrm{Var}(\hat{\theta}|x)]^{1/2}$ 称为后验标准差。

且有:

$$\mathrm{MES}(\hat{\theta}|x) = \mathrm{Var}(\theta|x) + (\hat{\theta}_E - \hat{\theta})^2 \qquad (2.34)$$

这表明,当 $\hat{\theta}$ 为后验均值 $\hat{\theta}_E$ 时,可使后验均方差达到最小,故实际中常取后验均值 $\hat{\theta}_E$ 作为 θ 的 Bayes 估计。

例 2.11 设一批产品的不合格率为 θ,将产品一个一个进行检查,直到发现第一个不合格品为止,若 X 为发现第一个不合格品时已检查的产品数,则 X 服从几何分布,其分布列为:

$$P(X=x|\theta) = \theta(1-\theta)^{x-1}, \qquad x=1,2,\cdots$$

设 θ 的先验分布为 $P\left(\theta=\dfrac{i}{4}\right) = \dfrac{1}{3}$,$i=1,2,3$,如今只获得一个样本观察值 $x=3$,求 θ 的最大后验估计、后验期望估计,并计算它的误差。

由已知得：
$$P\left(X=3, \theta=\frac{i}{4}\right) = \frac{1}{3} \cdot \frac{i}{4} \cdot \left(1-\frac{i}{4}\right)^2$$

$x=3$ 的无条件概率为：
$$P(X=3) = \frac{1}{3}\left[\frac{1}{4}\left(\frac{3}{4}\right)^2 + \frac{2}{4}\left(\frac{2}{4}\right)^2 + \frac{3}{4}\left(\frac{1}{4}\right)^2\right] = \frac{5}{48}$$

可得：
$$P(\theta=i/4 \mid X=3) = \frac{P(X=3, \theta=i/4)}{P(X=3)} = \frac{4i}{5}\left(1-\frac{i}{4}\right)^2, \quad i=1,2,3$$

结果如表 2.7 所示。

表 2.7

θ	1/4	2/4	3/4
$P(\theta=i/4 \mid X=3)$	9/20	8/20	3/20

最大后验估计：
$$\hat{\theta}_{MD} = \frac{1}{4}$$

$$\hat{\theta}_E = E(\theta \mid X=3) = \frac{17}{40}$$

$$\mathrm{Var}(\theta \mid x) = E(\theta^2 \mid x) - E^2(\theta \mid x) = 17/80 - (17/40)^2 = \frac{51}{1600}$$

$$\mathrm{MSE}(\hat{\theta} \mid x) = \mathrm{Var}(\theta \mid x) + (\hat{\theta}_E - \hat{\theta})^2 = 51/1600 + (1/4 - 17/40)^2 = \frac{1}{16}$$

例 2.12 设 x 是从正态总体 $N(\theta, \sigma^2)$ 抽取的容量为 1 的样本，其中 σ^2 已知，$\theta>0$ 未知，试求参数 θ 的估计。

解： 取参数 θ 的无信息先验分布为 $(0, \infty)$ 上的均匀分布，则后验密度为：

$$\pi(\theta \mid x) = \frac{\exp\{-(\theta-x)^2/2\sigma^2\} I_{(0,\infty)}(\theta)}{\int_0^\infty \exp\{-(\theta-x)^2/2\sigma^2\} d\theta}$$

取后验均值作为 θ 的估计，有：

$$\hat{\theta}_E = E(\theta \mid x) = \int_0^\infty \theta \pi(\theta \mid x) d\theta = \frac{\int_0^\infty \theta \exp\{-(\theta-x)^2/2\sigma^2\} d\theta}{\int_0^\infty \exp\{-(\theta-x)^2/2\sigma^2\} d\theta}$$

$$\stackrel{\eta=(\theta-x)/\sigma}{=} \frac{\int_{-\frac{x}{\sigma}}^\infty (\sigma\eta+x) e^{-\eta^2/2} \sigma d\eta}{\int_{-\frac{x}{\sigma}}^\infty e^{-\eta^2/2} \sigma d\eta} = x + \frac{(2\pi)^{-1/2} \sigma \exp\{-x^2/2\sigma^2\}}{1-\Phi(-x/\sigma)}$$

常用损失函数下的 Bayes 估计如下所述。

定理 2.6 设 θ 的先验分布为 $\pi(\theta)$，损失函数为 $L(\theta,\delta) = |\delta - \theta|$，则 θ 的贝叶斯估计为后验分布 $\pi(\theta|x)$ 的中位数。

定理 2.7 设 θ 的先验分布为 $\pi(\theta)$，损失函数为：
$$L(\theta,\delta) = \begin{cases} k_0(\theta - \delta), & \delta \leq \theta \\ k_1(\delta - \theta), & \delta > \theta \end{cases}$$
则 θ 的贝叶斯估计为后验密度 $\pi(\theta|x)$ 的 $k_1/(k_0+k_1)$ 上侧分位数。

定理 2.8 设 θ 的先验分布为 $\pi(\theta)$，损失函数为 $L(\theta,\delta) = (\delta - \theta)^2$，则 θ 的贝叶斯估计是：
$$\delta_B(x) = E(\theta|x) = \int \theta \pi(\theta|x) d\theta$$
其中，$\pi(\theta|x)$ 为 θ 的后验密度。

定理 2.9 设 θ 的先验分布为 $\pi(\theta)$，损失函数为加权平方损失函数：
$$L(\theta,\delta) = \lambda(\theta)(\delta - \theta)^2$$
则 θ 的贝叶斯估计为：
$$\delta_B(x) = \frac{E[\lambda(\theta)\theta|x]}{E[\lambda(\theta)|x]}$$

定理 2.10 设 θ 的先验分布为 $\pi(\theta)$，损失函数为 $L(\theta,\delta) = (\delta - \theta)^T Q(\delta - \theta)$，$Q$ 正定，则 θ 的贝叶斯估计为：
$$\boldsymbol{\delta}_B(x) = E(\theta|x) = \begin{bmatrix} E(\theta_1|x) \\ \vdots \\ E(\theta_p|x) \end{bmatrix}$$

2.5.2.2 区间估计

设 $X \sim p(x|\theta)$，$\theta \in \Theta$，θ 的先验分布为 $\pi(\theta)$。对于区间估计，贝叶斯方法比经典方法简单直接，不需要求枢轴量及枢轴量的分布。因为 θ 是随机变量，有了后验分布 $\pi(\theta|x)$ 以后，就很容易计算出它落在一个区间（或区域）的概率，从而得到区间估计。

定义 2.22 设参数 θ 的后验分布为 $\pi(\theta|x)$，对给定的样本 x 和概率 $1-\alpha$（$0 < \alpha < 1$），若存在这样两个统计量 $\hat{\theta}_L = \hat{\theta}_L(x)$ 与 $\hat{\theta}_U = \hat{\theta}_U(x)$，使得，
$$P(\hat{\theta}_L \leq \theta \leq \hat{\theta}_U | x) \geq 1 - \alpha \tag{2.35}$$
则称区间 $[\hat{\theta}_L, \hat{\theta}_U]$ 为参数 θ 的可信水平为 $1-\alpha$ 的贝叶斯可信区间，或简称为 θ 的 $1-\alpha$ 可信区间。

满足 $P(\hat{\theta}_L \leq \theta | x) \geq 1 - \alpha$ 的 $\hat{\theta}_L$ 称为 θ 的 $1-\alpha$（单侧）可信下限。

满足 $P(\theta \leq \hat{\theta}_U | x) \geq 1 - \alpha$ 的 $\hat{\theta}_U$ 称为 θ 的 $1-\alpha$（单侧）可信上限。

与参数置信区间的定义类似，若 $\pi(\theta|x)$ 为连续型，则以上定义中的不等式可改为等式，以便于计算。另外，实用上大多考虑一维单参数情形。

由于后验分布是一个实际上在 Θ 上的概率分布,故可以意义明确地说 θ 属于 $[\hat{\theta}_L, \hat{\theta}_U]$ 的概率为 $1-\alpha$。相比而言,经典的置信区间是被解释为覆盖概率的。

与参数的置信集类似,满足条件的区间通常有很多,但不是最理想的,最理想的可信区间应是区间长度最短,这只要把具有最大后验密度的点都包含在区间内,而在区间外的点上的后验密度函数值不超过区间内的后验密度函数值,这样的区间称为最大后验密度(highest posterior density,简称 HPD)可信区间。

定义 2.23 设参数 θ 的后验密度为 $\pi(\theta\mid x)$,对给定的概率 $1-\alpha(0<\alpha<1)$,若在直线上存在这样一个子集 C,满足下列两个条件:

(1) $P(C\mid x)=1-\alpha$。

(2) 对任给 $\theta_1 \in C$ 和 $\theta_2 \bar{\in} C$,总有 $\pi(\theta_1\mid x)\geq\pi(\theta_2\mid x)$,则称 C 为 θ 的可信水平为 $1-\alpha$ 的最大后验密度可信集,简称 $(1-\alpha)$ HPD 可信集(图 2.5),如果 C 是一个区间,则 C 又称为 $(1-\alpha)$ HPD 可信区间。

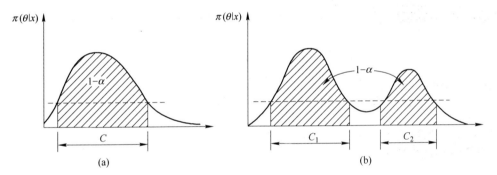

图 2.5 HPD 可信区间
(a)单峰;(b)双峰 $C=C_1\cup C_2$

2.5.3 假设检验

给定样本 X 且有 $X:p(x\mid\theta)$,$\theta\in\Theta$,考虑检验问题:
$$H_0:\theta\in\Theta_0 \leftrightarrow \theta\in\Theta_1$$

经典统计中已介绍了各种假设检验问题及其求解方法。其基本点就是要确定一个检验统计量,其分布在零假设时已知,由此即可进一步得到检验否定域,从而根据样本的表现,来判断是拒绝还是保留原假设。其中构造检验统计量是经典统计中解决假设问题最重要的步骤,同时也是最困难的部分,相比之下,Bayes 方法的假设检验是直截了当的。贝叶斯假设检验无需构造检验统计量,而是从后验分布出发,通过直接计算后验概率导出否定域。

假设给定 θ 的先验分布 $\theta\sim\pi(\theta)$,并已计算出其后验分布为 $\theta\sim\pi(\theta\mid x)$。由此可以得到参数 θ 落在 Θ_0 和 Θ_1 的后验概率:
$$\alpha_0 = \int_{\Theta_0}\pi(\theta\mid x)\mathrm{d}\theta = P(\theta\in\Theta_0\mid x)$$

$$\alpha_1 = \int_{\Theta_1} \pi(\theta \mid x) \mathrm{d}\theta = P(\theta \in \Theta_1 \mid x)$$

然后比较 α_0 与 α_1 的大小,当后验概率比 α_0/α_1(或称后验机会比)>1 时接受 H_0;当 $\alpha_0/\alpha_1 < 1$ 时接受 H_1;当 $\alpha_0/\alpha_1 \approx 1$ 时,不宜做判断,尚需进一步抽样或进一步搜集先验信息。也可以取检验的否定域为:

$$W = \{x : \alpha_1 > \alpha_0\} = \left\{x : \alpha_1 > \frac{1}{2}\right\}$$

定义 2.24 比例 α_0/α_1 被称为 H_0 对 H_1 的后验机会比,而 π_0/π_1 被称为先验机会比,则:

$$B^\pi = \frac{后验机会比}{先验机会比} = \frac{\alpha_0/\alpha_1}{\pi_0/\pi_1} = \frac{\alpha_0 \pi_1}{\alpha_1 \pi_0} \tag{2.36}$$

被称为支持 Θ_0 的贝叶斯因子。

贝叶斯因子的主要作用:

(1)简单原假设对简单备择假设的检验。即 $\Theta_0 = \{\theta_0\}$,$\Theta_1 = \{\theta_1\}$ 时,由:

$$\alpha_0 = \frac{\pi_0 p(x \mid \theta_0)}{\pi_0 p(x \mid \theta_0) + \pi_1 p(x \mid \theta_1)}$$

$$\alpha_1 = \frac{\pi_1 p(x \mid \theta_1)}{\pi_0 p(x \mid \theta_0) + \pi_1 p(x \mid \theta_1)}$$

$$\frac{\alpha_0}{\alpha_1} = \frac{\pi_0 p(x \mid \theta_0)}{\pi_1 p(x \mid \theta_1)}$$

故贝叶斯因子为:

$$B^\pi(x) = \frac{\alpha_0 \pi_1}{\alpha_1 \pi_0} = \frac{p(x \mid \theta_0)}{p(x \mid \theta_1)}$$

即贝叶斯因子正是 H_0 与 H_1 的似然比,它通常被认为(即使很多非贝叶斯学者)是由数据给出的 H_0 与 H_1 的机会之比。

然而,一般情况下,贝叶斯因子与先验信息是有关的,下面就复杂的原假设对复杂的备择假设(单侧检验)、简单原假设对复杂备择假设(双侧检验)这两种情形进行讨论。

(2)在复杂原假设 Θ_0 对复杂备择假设 Θ_1 的场合,可把先验分布写为下式:

$$\pi(\theta) = \begin{cases} \pi_0 g_0(\theta) \\ \pi_1 g_1(\theta) \end{cases} \tag{2.37}$$

g_0 和 g_1 为正常的密度函数,描述在两个假设的前提下先验的质量分布情况(π_0 和 π_1 为假设 Θ_0 与假设 Θ_1 上的先验概率),由此有:

$$\frac{\alpha_0}{\alpha_1} = \frac{\int_{\Theta_0} p(x \mid \theta) \pi_0 g_0(\theta) \mathrm{d}\theta}{\int_{\Theta_1} p(x \mid \theta) \pi_1 g_1(\theta) \mathrm{d}\theta} \tag{2.38}$$

故贝叶斯因子为:

$$B^\pi(x) = \frac{\alpha_0 \pi_1}{\alpha_1 \pi_0} = \frac{\int_{\Theta_0} g_0(\theta) p(x|\theta) d\theta}{\int_{\Theta_1} g_1(\theta) p(x|\theta) d\theta} = \frac{m_0(x)}{m_1(x)} \qquad (2.39)$$

它是 Θ_0、Θ_1 的加权似然之比（权重分别是 g_0 和 g_1）。不能认为对这两个假设相对支持的度量仅由数据决定，还涉及 g_0 和 g_1。但有时 B^π 对选择 g_0 和 g_1 相对地不敏感，那么由数据决定的理解就合理了。

(3) 在进行以简单假设为原假设的 $H_0: \theta = \theta_0$ 的贝叶斯检验时不能采用连续的先验密度（因为任何这种先验将给 θ_0 的先验概率为零，从而后验概率也为零），所以，一个有效的方法是给 θ_0 一个正概率 π_0，给 $\theta \neq \theta_0$ 以密度 $\pi_1 g_1(\theta)$，其中 $\pi_1 = 1 - \pi_0$，g_1 是正常的密度。我们可以把 π_0 设想为赋予与简单原假设近似的假设 $H_0: \theta \in (\theta_0 - \varepsilon, \theta_0 + \varepsilon)$ 的质量，其中的 ε 可选很小的数，使得 $[\theta_0 - \varepsilon, \theta_0 + \varepsilon]$ 与 $\theta = \theta_0$ 难以区别，此时的先验是由离散和连续两部分组成。

X 的边缘密度为:

$$m(x) = \int_\Theta p(x|\theta) \pi(\theta) d\theta = \pi_0 p(x|\theta_0) + \pi_1 m_1(x)$$

其中 $m_1(x)$ 为:

$$m_1(x) = \int_{\theta \neq \theta_0} p(x|\theta) g_1(x) d\theta$$

从而简单原假设与复杂备择假设（记为 $\Theta_1 = \{\theta \neq \theta_0\}$）的后验概率分别为:

$$\alpha_0 = \pi_0 p(x|\theta_0) / m(x)$$
$$\alpha_1 = \pi_1 m_1(x) / m(x)$$

则后验机会比为:

$$\frac{\alpha_0}{\alpha_1} = \frac{\pi_0}{\pi_1} \frac{p(x|\theta_0)}{m_1(x)}$$

从而贝叶斯因子为:

$$B^\pi(x) = \frac{\alpha_0 \pi_1}{\alpha_1 \pi_0} = \frac{p(x|\theta_0)}{m_1(x)}$$

2.6 本章小结

本章简单介绍了 Bayes 统计基础理论，鉴于这方面已经有很多著作进行了介绍，我们就不进行太多的赘述。另外需要指出的是，基于 Bayes 统计思想发展起来的其他统计推断方法本书将其统计归结到 Bayes 统计推断理论，如多层 Bayes 统计、经验 Bayes 统计以及 Bayes 统计与其他算法的结合，如收缩 Bayes 估计法、期望 Bayes 估计等。这些方法的简要介绍将在后续章节出现的时候给出简单的介绍。

基于记录值的可靠性分布模型的统计推断研究

3.1 刻度误差损失函数下几何分布模型的统计推断研究

由于很多离散型产品的寿命服从几何分布，因而几何分布作为一类重要的离散型分布在可靠性、信息工程、遗传学以及经济学等领域有着重要的应用。关于几何分布的统计推断研究也得到了很多学者的关注。在完全样本场合下，文献[105]研究了几何分布的近似区间估计及其与其他离散型分布的贴近度问题，文献[106]讨论了几何分布串-并联系统产品参数的矩估计、极大似然估计和近似区间估计问题；针对不完全数据场合，文献[107,108]研究了几何分布参数的点估计问题；文献[109]针对在开关寿命为几何型且开关失效时产品不立即失效的冷储备系统，讨论了几何分布参数的矩估计和极大似然估计问题；文献[110]针对产品有历史数据和历史数据缺失两种情况提出了一种求解几何分布可靠度置信限的 k 因子法；文献[111~113]分别在熵损失、加权平方损失和一类非对称损失函数下研究了几何分布可靠度的 Bayes 以及多层 Bayes 估计问题。

在贝努里试验中，设 R 为每次试验成功的概率（可靠度），若进行了 $x+1$ 次试验，前 x 次试验成功但第 $x+1$ 次试验不成功的概率为：

$$P(X=x) = R^x(1-R), \quad x = 0, 1, 2, \cdots \tag{3.1}$$

则称随机变量 X 服从几何分布，其中 $R(0<R<1)$ 为几何分布的可靠度。

本章基于记录值样本，在刻度平方误差损失函数下研究几何分布 (3.1) 可靠度 R 的 Bayes 估计问题。

3.1.1 可靠度的最小方差无偏估计

设 $X_1, X_2, \cdots$ 为来自几何分布 (3.1) 的独立同分布的随机样本，并假定观测到的前 n 个上记录值样本为：$X_{U(1)}, X_{U(2)}, \cdots, X_{U(n)}$，相应的样本观察值为 $x_{U(1)}, x_{U(2)}, \cdots, x_{U(n)}$，则给定 $X_{U(1)} = x_{U(1)}, X_{U(2)} = x_{U(2)}, \cdots, X_{U(n)} = x_{U(n)}$ 后，可靠度 R 的似然函数为[1]：

$$L(R;\underline{x}) \triangleq L(R; x_{U(1)}, \cdots, x_{U(n)}) = \prod_{i=1}^{n-1} \frac{P(X=x_i)}{P(X>x_i)} \cdot P(X=x_n) \tag{3.2}$$

由式 (3.1) 得：

3.1 刻度误差损失函数下几何分布模型的统计推断研究

$$\begin{aligned}
P(X > x) &= \sum_{k=x+1}^{\infty} P(X = k) \\
&= \sum_{k=1}^{\infty} P(X = k) - \sum_{k=1}^{x} P(X = k) \\
&= (1-R) \cdot \left[\frac{R}{1-R} - \frac{R(1-R^x)}{1-R} \right] = R^{x+1}
\end{aligned} \tag{3.3}$$

将式 (3.3) 代入式 (3.2) 得:

$$\begin{aligned}
L(R;\underline{x}) &= \prod_{i=1}^{n-1} \frac{R^{x_{U(i)}}(1-R)}{R^{x_{U(i)}+1}} \cdot R^{x_{U(n)}}(1-R) \\
&= (1-R)^n R^{(x_{U(n)}+1)-n}
\end{aligned} \tag{3.4}$$

令:

$$L'(R;\underline{x}) = (1-R)^{n-1} R^{x_{U(n)}-n} \left[-nR + (1-R)(x_{U(n)}+1-n) \right] = 0$$

解得可靠度 R 的最大似然估计为:

$$\hat{R}_{\mathrm{ML}} = \frac{X_{U(n)}+1-n}{X_{U(n)}+1} = 1 - \frac{n}{T} \tag{3.5}$$

其中 $T = X_{U(n)} + 1$。

由式 (3.4) 易知, 随机变量 $T = X_{U(n)} + 1$ 服从负二项分布 $NB(n,R)$, 相应的分布律:

$$P(T=t) = C_{t-1}^{n-1} \cdot R^{t-n}(1-R)^n, \qquad t = n, n+1, \cdots$$

令

$$G(T) = 1 - \frac{n-1}{T-1}$$

有:

$$\begin{aligned}
E[G(T)] &= 1 - \sum_{t=n}^{\infty} \frac{n-1}{t} C_{t-1}^{n-1} R^{t-n}(1-R)^n \\
&= 1 - \sum_{t=n}^{\infty} \frac{n-1}{t-1} \frac{(t-1)!}{(n-1)!(t-n)!} R^{t-n}(1-R)^n \\
&= 1 - (1-R) \sum_{t=n}^{\infty} \frac{(t-2)!}{(n-2)![(t-2)-(n-2)]!} R^{t-n}(1-R)^{n-1} \\
&= 1 - (1-R) \sum_{t=n}^{\infty} C_{t-2}^{n-2} R^{t-n}(1-R)^{n-1} \\
&= 1 - (1-R) = R
\end{aligned}$$

从而 $G(T)$ 为可靠度 R 的无偏估计量, 又由式 (3.4) 可知随机变量 $T = X_{U(n)} + 1$ 为可靠度 R 的充分统计量, 故 $G(T)$ 为可靠度 R 的最小方差无偏估计量, 将其记为 $\hat{R}_U$, 即:

$$\hat{R}_U = 1 - \frac{n-1}{T-1} \tag{3.6}$$

3.1.2 可靠度的 Bayes 估计

在实际中,工程师或专家会基于经验或以往试验数据,给出参数的一些先验认识,而这些先验认识通常可以用参数的先验分布来表示。对于几何分布,在 Bayes 统计中应用最广的是共轭贝塔分布。于是在本节的讨论中我们也假设可靠度 R 具有共轭贝塔共轭先验分布 $B(a,b)$,相应的概率密度函数为:

$$\pi(R;a,b) = \frac{1}{B(a,b)} R^{a-1}(1-R)^{b-1}, \quad 0 < R < 1 \tag{3.7}$$

式中,$a,b > 0$ 为超参数。

在 Bayes 估计的讨论中,我们将在刻度误差损失函数下讨论几何分布可靠度的 Bayes 统计推断问题。本书采用的刻度平方误差损失函数的数学表达式为:

$$L(\hat{\theta},\theta) = \frac{(\theta - \hat{\theta})^2}{\theta^k} \tag{3.8}$$

式中,k 为非负整数,且易知 $L(\hat{\theta},\theta)$ 损失函数 (3.8) 关于 θ 的估计量 $\hat{\theta}$ 是严格凸的,故在损失函数 (3.8) 下,参数 θ 的唯一的 Bayes 估计为:

$$\hat{\theta}_B = \frac{E(\theta^{1-k} | X)}{E(\theta^{-k} | X)} \tag{3.9}$$

定理 3.1 设 $\underline{X} = (X_{U(1)}, X_{U(2)}, \cdots, X_{U(n)})$ 为来自几何分布 (3.1) 的前 n 个上记录值,$\underline{x} = (x_{U(1)}, x_{U(2)}, \cdots, x_{U(n)})$ 为相应的样本观察值,$T = X_{U(n)} + 1$,则:

(1) 在平方损失函数下,可靠度 R 的 Bayes 估计为:

$$\hat{R}_{BS} = 1 - \frac{n+b}{T+a+b} \tag{3.10}$$

(2) 在加权平方误差损失函数:

$$L(\hat{R},R) = \frac{(\hat{R}-R)^2}{R(1-R)} \tag{3.11}$$

下,可靠度 R 的 Bayes 估计为:

$$\hat{R}_{BW} = 1 - \frac{n+b-1}{T+a+b-1} \tag{3.12}$$

(3) 在刻度平方误差损失函数:

$$L(\hat{R},R) = \frac{(R-\hat{R})^2}{R^k}$$

下,可靠度 R 的 Bayes 估计为:

$$\hat{R}_{BK} = 1 - \frac{b+n}{T+a+b-k} \tag{3.13}$$

证明: 由式 (3.4) 和式 (3.7),根据 Bayes 定理,得到可靠度 R 的后验概率密度函数为：
$$\pi(R\mid \underline{x}) \propto L(R;\underline{x}) \cdot \pi(R)$$
$$\propto (1-R)^n R^{(x_{U(n)}+1)-n} \cdot R^{a-1}(1-R)^{b-1}$$
$$\propto R^{(a+x_{U(n)}+1-n)-1}(1-R)^{n+b-1}$$

从而 $R\mid \underline{X}$ 服从贝塔分布 $B(a+T-n,n+b)$。

(1) 在平方误差损失函数下，可靠度 R 的 Bayes 估计为：
$$\hat{R}_{BS}=E[R\mid \underline{X}]=\frac{a+T-n}{T+a+b}=1-\frac{n+b}{T+a+b}$$

(2) 在加权平方损失函数（3.11）下，可靠度 R 的 Bayes 估计为：
$$\hat{R}_{BW}=\frac{E[(1-R)^{-1}\mid \underline{X}]}{E[R^{-1}(1-R)^{-1}\mid \underline{X}]}$$
$$=\frac{\int_0^1 (1-R)^{-1}R^{(a+T+1-n)-1}(1-R)^{n+b-1}dR}{\int_0^1 R^{-1}(1-R)^{-1}R^{(a+T+1-n)-1}(1-R)^{n+b-1}dR}$$
$$=\frac{B(a+T+1-n,n+b-1)}{B(a+T-n,n+b-1)}$$
$$=\frac{a+T-n}{T+a+b-1}=1-\frac{n+b-1}{T+a+b-1}$$

(3) 在刻度平方误差损失函数（3.13）下，可靠度 R 的 Bayes 估计为：
$$\hat{R}_{BK}=\frac{E[R^{1-k}\mid \underline{X}]}{E[R^{-k}\mid \underline{X}]}$$
$$=\frac{\int_0^1 R^{1-k}\cdot R^{(a+T+1-n)-1}(1-R)^{n+b-1}dR}{\int_0^1 R^{-k}\cdot R^{(a+T+1-n)-1}(1-R)^{n+b-1}dR}$$
$$=\frac{B(a+T+2-n-k,n+b)}{B(a+T+1-n-k,n+b)}$$
$$=\frac{\Gamma(a+T+2-n-k)\Gamma(n+b)}{\Gamma(a+b+T+2-k)}\cdot \frac{\Gamma(a+b+T-k)}{\Gamma(a+T+1-n-k)\Gamma(n+b)}$$
$$=\frac{T+a+1-k-n}{T+a+b+1-k}$$
$$=1-\frac{b+n}{T+a+b-k}$$

定理得证。

3.1.3 实际应用例子和结论

为比较本节得到的 Bayes 估计与最大似然估计及最小方差无偏估计，采用

Nelson[115]的关于某电子绝缘液耐压强度检测的例子进行说明。

例 3.1 在 34kV 电压下，Nelson 测得该种绝缘液 19 个样品的被击穿时间。Nelson 实验电子绝缘液的耐压强度时间分布通常采用指数分布拟合。众所周知，一个指数数据的观测值的整数部构成几何数据。由文献［116］来自几何分布的前 6 个上记录值样本观察值为：

$$\underline{x} = (x_{U(1)}, x_{U(2)}, \cdots, x_{U(6)}) = (4, 8, 31, 33, 36, 72)$$

计算 $T = x_{U(6)} + 1 = 73$，则参数 θ 的最大似然估计为：

$$\hat{R}_{MLE} = 0.9178$$

参数 θ 的最小方差无偏估计为：

$$\hat{R}_U = 0.9306$$

参数 R 的 Bayes 估计值见表 3.1。

表 3.1 不同先验参数下几何分布可靠度 R 的 Bayes 估计值

先验参数(a,b)值	(0,0)	(0.5,0.5)	(0.5,1.0)	(1.0,1.0)	(1.0,1.5)	(1.5,1.5)
$\hat{R}_{BS}$	0.9178	0.9122	0.9060	0.9067	0.9007	0.9013
$\hat{R}_{BW}$	0.9306	0.9247	0.9184	9.1189	0.9128	0.9133
$\hat{R}_{BK}(k=-1)$	0.9189	0.9133	0.9073	0.9079	0.9020	0.9026
$\hat{R}_{BK}(k=1)$	0.9167	0.9110	0.9048	0.9054	0.8993	0.9000

本节在给定几何分布记录值样本的情形下，导出了在平方误差损失和刻度平方误差损失函数下可靠度的 Bayes 估计，并通过例子给出了各估计值的结果。从表 3.1 可以看出超参数 (a, b) 的值对 Bayes 结果的影响不是很大，刻度误差平方损失中的参数 k 的取值对估计结果有一定的影响，但随着记录值样本容量的增大，影响变小。

3.2 基于记录值的广义 Pareto 分布损失和风险函数的 Bayes 估计

本节在共轭先验分布下研究广义 Pareto 分布未知参数 θ 的损失函数和风险函数的 Bayes 估计及其保守性质，并给出相应的 Bayes 估计的合理性。

3.2.1 广义 Pareto 分布模型简介

Pareto 分布是意大利经济学家 Pareto[117]提出并将其应用到个人收入问题的研究中。其研究发现，少数人的收入要远多于大多数人的收入，于是提出了著名的 Pareto 定律。随着越来越多的学者对此分布的关注和研究，Pareto 分布已经被广泛应用于金融学、水文学、生物学、物理学、人口统计学与经济学等各个领域[118~122]。近年来基于 Pareto 分布的一些新的分布，如广义 Pareto 分布等相继被提出并被应用到金融、保险和自然灾害等领域[123~126]。

3.2 基于记录值的广义 Pareto 分布损失和风险函数的 Bayes 估计

本节所研究的广义 Pareto 分布（generalized Pareto distribution）是 James Piekands 在 1975 年首次提出的，他指出广义 Pareto 分布可作为高门限超量的近似分布，这反映了广义 Pareto 分布可广泛地应用于金融、保险、自然灾害等领域[127]。随后很多学者做了进一步的研究，使其在诸多领域发挥重要作用。在金融领域，如股票的交易量以及股票的收益率等指标均呈现出非正态和厚尾特征，这时应用广义 Pareto 分布模型可以很好地对这些数据进行拟合[128~130]。在保险领域，保险的损失数据一般也都具有非负、有偏及厚尾的特点，因而研究者们也常采用广义 Pareto 分布来预测最大损失[131,132]。在自然灾害领域，比如，我国各地出现的洪涝、严寒和干旱等极端天气事件，此类事件的建模常采用极值理论来处理，而广义 Pareto 分布常用来对观测值中的所有超过某一较大阈值的数据进行建模，并取得了良好的模拟结果[133,134]。更多关于广义 Pareto 分布的介绍可参见文献 [135~137]。

三参数广义 Pareto 分布的分布函数为：

$$G_{\xi,\beta,v}(x) = \begin{cases} 1 - \left(1 + \xi \dfrac{x-v}{\beta}\right)^{-1/\xi}, & \xi \neq 0 \\ 1 - \exp[-(x-v)/\beta], & \xi = 0 \end{cases}$$

其中，当 $\xi \geq 0$ 时，$x \geq 0$；当 $\xi < 0$ 时，$v < x \leq v - \beta/v$。但在实际应用中，大多考虑采用如下两参数广义 Pareto 分布建模[138]：

$$G_{\xi,\beta}(x) = \begin{cases} 1 - \left(1 + \dfrac{\xi}{\beta}x\right)^{-1/\xi}, & \xi \neq 0 \\ 1 - e^{-x/\beta}, & \xi = 0 \end{cases} \quad (3.14)$$

其中，$\beta > 0$，且当 $\xi \geq 0$ 时，有 $x \in [0, \infty)$；当 $\xi < 0$ 时，有 $x \in [0, -\beta/\xi]$。图 3.1 给出了广义 Pareto 分布的概率密度函数曲线在 $\beta = 1$，ξ 取 0.5、0、-0.5 时的图形。

从图 3.1 可以看出，ξ 的不同取值决定了分布函数尾部的厚度，ξ 越大尾部越厚，ξ 越小尾部越薄。从 $G_{\xi,\beta}(x)$ 函数还可以看到，当 $\xi < 0$ 时，y 的最大取值为 $-\beta/\xi$，有上界。Lee 和 Saltoglu[139] 指出在直接使用广义 Pareto 对金融资产收益时间序列数据建模时，由于数据是尖峰厚尾的，则 ξ 一定大于零，即当 $\xi > 0$，广义 Pareto 是厚尾的。

为研究的方便，本节在式 (3.14) 中令 $\theta = -\xi$，$\sigma = \dfrac{\beta}{-\xi}$，得到两参数广义 Pareto 分布的如下分布函数形式：

$$G_{\theta,\sigma}(x) = 1 - \left(1 - \dfrac{x}{\sigma}\right)^{1/\theta}, \quad 0 < x < \sigma \quad (3.15)$$

其中，θ、$\sigma > 0$ 为参数。

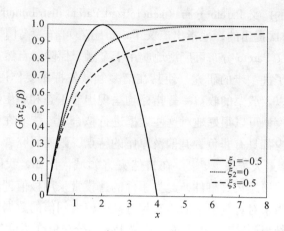

图 3.1　广义 Pareto 分布在 $\beta=1$，ξ 取 0.5、0、-0.5 时的图形

3.2.2 损失和风险函数的 Bayes 估计

在统计决策中，$d=\delta(x)$ 作为未知参数 θ 的估计会带来一定的损失，记为 $w(\theta,d)$，它表示了决策 $\delta(x)$ 的精度程度，但 $w(\theta,d)$ 作为 θ 的函数是不可观察的，故有必要对 $w(\theta,d)$ 作一个精度估计，而依赖于观察数据 x 的精度估计，文献 [140，141] 作了讨论并给出了例子。

设 γ 是损失函数 $w(\theta,d)$ 的估计，文献 [141] 引入新的损失函数：

$$L(\theta;\delta,\gamma)=w(\theta,\delta)\gamma^{-\frac{1}{2}}+\gamma^{\frac{1}{2}} \tag{3.16}$$

它把决策问题中的估计误差 $w(\theta,d)$ 和其精度估计 γ 结合起来，对此损失函数，文献 [141] 给出如下结论：

（1）对于给定的决策 $d=\delta(x)$，由于：

$$L(\theta;\delta,\gamma)\geq 2\sqrt{w(\theta,d)\gamma^{-\frac{1}{2}}\gamma^{\frac{1}{2}}}$$

所以当 $\gamma=w(\theta,d)$ 时，$L(\theta;\delta,\gamma)$ 达到最小值。

（2）对于给定的 $\gamma\geq 0$，由于 $L(\theta;\delta,\gamma)$ 是 $w(\theta,\delta)$ 的线性函数，所以 θ 的 Bayes 估计 $\delta_B(x)$ 关于损失 $w(\theta,d)$ 与关于损失 $L(\theta;\delta,\gamma)$ 是一样的，而 γ 关于 $L(\theta;\delta,\gamma)$ 的 Bayes 估计 $\gamma_B(x)$ 恰好是 $\delta_B(x)$ 的后验损失，即 $\gamma_B(x)=E[w(\theta,\delta_B)/x]$。

从频率派的观点考虑（文献 [141]）总希望 γ 是一个保守估计，即满足 $E_\theta[\gamma(x)]\geq R(\theta,\delta)=E_\theta[w(\theta,\delta)]$，那么从总体上来说，可使 $\gamma(x)$ 不会低于平均损失 $E_\theta[w(\theta,\delta)]$。

对于二项参数的损失函数，文献 [141] 给出了它在 $L(\theta;\delta,\gamma)$ 下的 Bayes 估计，并讨论其性质。项志华[142]给出了 Poisson 分布和指数分布损失函数的 Bayes 估计及性质；刘焕香等[143]研究了一类特殊尺度分布族的尺度参数的损失函数和风险函数的 Bayes 推断；文献 [144~147] 分别探讨了正态分布、对数正态分布、Pareto 分布和 Rayleigh 分布的参数的损失函数和风险函数的 Bayes 推断问题，以上讨论都是基于独立同分布的完全样本而言。邢建平[148]讨论了基于记录值样本的指数分布参数的损失函数和风险函数的 Bayes 估计问题，并探讨了估计为保守性估计的条件。

本节在 $w(\theta,\delta)$ 为平方误差损失函数的条件下，即 $w(\theta,\delta) = (\theta-\delta)^2$ 下，讨论基于记录值样本的广义 Pareto 分布参数的损失函数和风险函数的 Bayes 估计问题，并探讨得到的 Bayes 估计为保守性估计的条件。

3.2.2.1 损失函数的 Bayes 估计

定义 3.1 设 X 服从参数为 α、β 的倒伽玛分布 $I\Gamma(\alpha,\beta)$，其密度函数为[149]：

$$f(\theta;\alpha,\beta) = \frac{\beta^\alpha}{\Gamma(\alpha)}\theta^{-(\alpha+1)} e^{-\frac{\beta}{\theta}}, \qquad \theta>0, \alpha,\beta>0$$

定理 3.2 设 $X = (X_{U(1)}, \cdots, X_{U(n)})$ 为来自广义 Pareto 分布（3.15）的一个记录值样本，θ 的共轭先验分布为倒伽玛分布 $I\Gamma(\alpha,\beta)$，并设 $w(\theta,\delta)$ 的估计为 $\gamma(X)$，则：

（1）在平方误差损失函数 $w(\theta,\delta)$ 下，参数 θ 的 Bayes 估计为：

$$\delta_B = \frac{\beta + X_{U(n)}}{n+\alpha-1}$$

（2）$w(\theta,\delta)$ 关于损失函数（1.1）的 Bayes 估计为：

$$\gamma_B(X) = \frac{(\beta + X_{U(n)})^2}{(n+\alpha-1)^2(n+\alpha-2)}$$

且有：

$$E_\theta \gamma_B(X) = \frac{n(n+1)\theta^2 + 2\beta n\theta + \beta^2}{(n+\alpha-1)^2(n+\alpha-2)}$$

（3）δ_B 的风险函数为：

$$R(\theta,\delta_B) = \frac{[n+(\alpha-1)^2]\theta^2 + 2\beta(1-\alpha)\theta + \beta^2}{(n+\alpha-1)^2}$$

证明：（1）由于两参数广义 Pareto 分布的分布函数为：

$$F(x,\theta) = G_{\theta,\sigma}(x) = 1 - \left(1 - \frac{x}{\sigma}\right)^{1/\theta}, \qquad 0<x<\sigma$$

则相应的概率密度函数为：

$$f(x;\theta) = \frac{1}{\sigma\theta}\left(1 - \frac{x}{\sigma}\right)^{1/\theta - 1}, \qquad 0<x<\sigma$$

给定 $X = (X_{U(1)}, \cdots, X_{U(n)})$ 的样本观测值 $\underline{x} = (x_1, x_2, \cdots, x_n)$，参数 θ 的似然函

数为[150]：

$$l(\theta,\underline{x}) = f(x_n;\theta)\prod_{i=1}^{n-1}\frac{f(x_i;\theta)}{1-F(x_i;\theta)}$$

$$= \frac{1}{\sigma\theta}\left(1-\frac{x_n}{\sigma}\right)^{1/\theta-1}\prod_{i=1}^{n-1}\frac{\frac{1}{\sigma\theta}\left(1-\frac{x_i}{\sigma}\right)^{1/\theta-1}}{\left(1-\frac{x_i}{\sigma}\right)^{1/\theta}}$$

$$\propto \theta^{-n}\exp(-t/\theta)$$

其中 $t = -\ln\left(1-\dfrac{x_n}{\sigma}\right)$ 为 $T = -\ln\left(1-\dfrac{X_{U(n)}}{\sigma}\right)$ 的样本观测值。由假定 θ 的共轭先验分布为倒伽玛分布 $I\Gamma(\alpha,\beta)$，则根据 Bayes 定理，易证：

$$\theta\mid X \sim I\Gamma(\alpha+n,\beta+T)$$

于是：

$$\hat{\delta}_B = E(\theta\mid X) = \frac{\beta+T}{n+\alpha-1} \tag{3.17}$$

（2）由式（3.17）有：

$$\gamma_B(X) = E[w(\theta,\delta_B)\mid X]$$
$$= E[(\theta-\delta_B(X)^2)\mid X]$$
$$= \mathrm{Var}(\theta\mid X)$$
$$= \frac{(\beta+T)^2}{(n+\alpha-1)^2(n+\alpha-2)}$$

于是：

$$E_\theta\gamma_B(X) = \frac{1}{(n+\alpha-1)^2(n+\alpha-2)}E[(\beta+T)^2\mid X]$$
$$= \frac{n(n+1)\theta^2 + 2\beta n\theta + \beta^2}{(n+\alpha-1)^2(n+\alpha-2)}$$

（3）δ_B 的风险函数为：

$$R(\theta,\delta_B) = E_\theta[W(\theta,\delta_B)]$$
$$= E_\theta\left[\left(\theta-\frac{\beta+T}{n+\alpha-1}\right)^2\right]$$
$$= E_\theta\left[\theta^2 - \frac{2(\beta+T)}{n+\alpha-1}\theta + \left(\frac{\beta+T}{n+\alpha-1}\right)^2\right]$$
$$= \theta^2 - \frac{2\theta(\beta+n\theta)}{n+\alpha-1} + \frac{n(n+1)\theta^2 + 2\beta n\theta + \beta^2}{(n+\alpha-1)^2}$$
$$= \frac{[n+(\alpha-1)^2]\theta^2 + 2\beta(1-\alpha)\theta + \beta^2}{(n+\alpha-1)^2}$$

3.2.2.2 风险函数的 Bayes 估计

考虑到 $R(\theta,\delta) = E_\theta[W(\theta,\delta)]$ 是 $W(\theta,\delta)$ 的均值,故可以把 $R(\theta,\delta)$ 的估计作为 $W(\theta,\delta)$ 的估计,但是决策 $d=\delta(X)$ 的平均损失 $R(\theta,\delta) = E_\theta[W(\theta,\delta)]$ 是未知参数 θ 的函数,故还需对 $R(\theta,\delta)$ 进行估计,而在平方误差损失下,$R(\theta,\delta_B)$ 的 Bayes 估计 $\Phi(\delta_B)$ 即是 $R(\theta,\delta_B)$ 关于 θ 的后验均值,即:

$$\Phi(\delta_B) = E[R(\theta,\delta_B)\mid X]$$

$$= E\left[\frac{(n+1+\alpha^2)\theta^2 + 2\beta(1-\alpha) + \beta^2}{(n+\alpha-1)^2} \mid X\right]$$

$$= \frac{n+1+\alpha^2}{(n+\alpha-1)^2} E(\theta^2\mid X) + \frac{2\beta(1-\alpha)}{(n+\alpha-1)^2} E(\theta\mid X) + \frac{\beta^2}{(n+\alpha-1)^2}$$

故有

$$\Phi(\delta_B) = \frac{1}{(n+\alpha-1)^2}\left\{\frac{(\beta+T)^2[n+(\alpha-1)^2]}{(n+\alpha-1)(n+\alpha-2)} + \frac{2\beta(1-\alpha)(\beta+T)}{n+\alpha-1} + \beta^2\right\}$$

3.2.3 估计 $\gamma_B(X)$ 和 $\Phi(\delta_B)$ 的保守性质

下面考虑 $\gamma_B(X)$ 与 $\Phi(\delta_B)$ 是否为 $W(\theta,\delta)$ 的保守估计。为方便起见,假设 $\alpha \geqslant 0$, $\beta \geqslant 0$, $n>2$。

定理 3.3 $\gamma_B(X)$ 为保守估计,若满足以下条件之一:

(1) $\alpha=0$, $2<n\leqslant 3$;

(2) $\alpha=0$, $0\leqslant \beta \leqslant C\theta$, 这里 $C=\dfrac{2+\sqrt{2n^2-4n-2}}{n-3}$, $n>3$;

(3) $0\leqslant \alpha \leqslant 2$, $\beta=0$。

证明: (1) 当 $\alpha=0$ 时,由定理 3.2 有:

$$E_\theta\gamma_B(X) = \frac{n(n+1)\theta^2 + 2\beta n\theta + \beta^2}{(n-1)^2(n-2)} \tag{3.18}$$

$$R(\theta,\delta_B) = \frac{(n+1)\theta^2 + 2\beta\theta + \beta^2}{(n-1)^2} \tag{3.19}$$

要使 $\gamma_B(x)$ 为保守估计,即要 $E_\theta\gamma_B(X) \geqslant R(\eta,\delta_B)$,将式 (3.18) 和式 (3.19) 代入化简得:

$$(n-3)\beta^2 - 4\beta\theta - 2(n+1)\theta \leqslant 0 \tag{3.20}$$

式 (3.20) 对于 $2<n\leqslant 3$ 恒成立,故 (1) 得证。

当 $n>3$ 时,$\{\beta\mid 0\leqslant \beta \leqslant C\theta\}$ 为式 (3.20) 的解,故 (2) 得证。

(2) 当 $\beta=0$ 时,由定理 3.2 有:

$$E_\theta\gamma_B(X) = \frac{n(n+1)\theta^2}{(n+\alpha-1)^2(n+\alpha-2)} \tag{3.21}$$

$$R(\theta,\delta_B) = \frac{[n+(\alpha-1)^2]\theta^2}{(n+\alpha-1)^2} \quad (3.22)$$

要使 $\gamma_B(x)$ 为保守估计，即要

$$E_\theta \gamma_B(X) \geq R(\eta,\delta_B)$$

将式（3.21）和式（3.22）代入化简得：

$$(\alpha-2)[\alpha^2+(n-2)\alpha+(n+1)] \leq 0$$

上式在 $0 \leq \alpha \leq 2$ 时恒成立，故（3）得证。

定理 3.4 $\Phi(\delta_B)$ 为保守估计，若满足以下条件之一：

(1) $\alpha=0$，$\beta \geq 0$；

(2) $0 \leq \alpha \leq 2$，$\beta=0$。

证明：(1) 当 $\alpha=0$ 时，由式（3.17）有：

$$\Phi(\delta_B) = \frac{1}{(n-1)^2}\left[\frac{(\beta+T)^2(n+1)}{(n-1)(n-2)} + \frac{2\beta(\beta+T)}{n-1} + \beta^2\right] \quad (3.23)$$

$$E_\theta \Phi(\delta_B) = \frac{n(n+1)^2\theta^2 + 2\beta n\theta(2n-1) + (n^2-1)\beta^2}{(n-1)^3(n-2)} \quad (3.24)$$

要使 $\gamma_B(x)$ 为保守估计，即要：

$$E_\theta \Phi(\delta_B) \geq R(\eta,\delta_B)$$

将式（3.19）和式（3.24）代入化简得：

$$2(n+1)(2n-1)\theta^2 + 2(n^2+2n-2)\beta\theta + 2(n-1)\beta^2 \geq 0$$

上式对于任何 $\beta \geq 0$ 恒成立，故（1）得证。

(2) 当 $\beta=0$ 时，由定理 3.2 有：

$$\Phi(\delta_B) = \frac{T^2[n+(\alpha-1)^2]}{(n+\alpha-1)^3(n+\alpha-2)} \quad (3.25)$$

$$E_\theta \Phi(\delta_B) = \frac{n(n+1)[n+(\alpha-1)^2]\theta^2}{(n+\alpha-1)^3(n+\alpha-2)} \quad (3.26)$$

要使 $\gamma_B(x)$ 为保守估计，即要 $E_\theta\Phi(\delta_B) \geq R(\eta,\delta_B)$，将式（3.19）和式（3.26）代入化简得：

$$(\alpha-2)(\alpha+2n-1) \leq 0$$

上式对于任何 $0 \leq \alpha \leq 2$ 恒成立，故（2）得证。

注 3.1 当 $\alpha=1$，$\beta=0$，即 θ 的广义先验分布 $\pi(\theta) \propto$ 常数时，θ 的 Bayes 估计为 $\delta_B(X) = \frac{T}{n} = \hat{\theta}_{MLE}$，由定理 3.4 和定理 3.5 知，$\gamma_B(X)$ 和 $\Phi(\delta_B) = \Phi(\hat{\theta}_{ML})$ 都是损失函数 $w(\theta,\delta)$ 的保守估计。

3.2.4 估计的合理性

由上一节的讨论并考虑到 $\gamma_B(X)$ 的简捷性，对于损失函数 $w(\theta,\delta)$ 的估计可

得如下结论:

若取 $\beta=0$ 对应的先验分布,则取 $\gamma_B(X)$ 较为合理;若取 $\beta\neq 0$ 对应的先验分布, β 较小时取 $\gamma_B(X)$, β 较大时取 $\Phi(\delta_B)$ 较为合理。特别地,当 $\alpha=0$, $\beta=0$, 即取无信息先验分布,或 $\alpha=1$, $\beta=0$ 对应的广义先验分布时, $\gamma_B(X)$ 和 $\Phi(\delta_B)$ 都是保守估计,由简捷性取 $\gamma_B(X)$ 更为合理。

3.3 基于记录值的广义 Pareto 分布参数的 Minimax 估计

本节将在参数的先验分布为无信息 Quasi 先验分布下,分别研究基于平方误差损失、LINEX 损失和熵损失函数下广义 Pareto 分布 (3.15) 参数的 Bayes 估计及风险函数比较问题。

3.3.1 广义 Pareto 分布参数的 Bayes 估计

本节将在 σ 已知的情况下讨论广义 Pareto 分布 (3.15) 参数的 Bayes 估计问题。

在 Bayes 统计分析中,先验分布和损失函数占据着非常重要的地位。在本节下面的讨论中,设参数 θ 的先验分布为无信息 Quasi 先验分布,相应的概率密度函数为:

$$\pi(\theta) \propto \frac{1}{\theta^d}, \qquad \theta>0, d>0 \tag{3.27}$$

当 $d=0$ 时, $\pi(\theta)\propto 1$ 为离散先验分布;当 $d=1$ 时, $\pi(\theta)\propto\frac{1}{\theta}$ 为无信息先验分布。

本节讨论所采用的损失函数为以下三种情形:

(1) 平方误差损失函数:

$$L(\hat{\theta},\theta) = (\hat{\theta}-\theta)^2 \tag{3.28}$$

在平方误差损失函数下参数 θ 的 Bayes 估计为:

$$\hat{\theta}_{BS} = E(\theta|X) \tag{3.29}$$

平方误差损失函数由于其在数学处理上的方便,成为 Bayes 统计推断中应用最为广泛的一类损失函数。它对高估和低估给予相等的惩罚。然而在某些实际场合,特别是在估计可靠性和失效率时,高估往往会带来更大的损失。为此一些非对称损失相继被提出,其中 LINEX 损失和熵损失函数是其中两个应用较广的非对称损失函数。

(2) LINEX 损失函数:

$$L(\Delta) = e^{c\Delta} - c\Delta - 1, \qquad c\neq 0 \tag{3.30}$$

式中, $\Delta=\dfrac{\hat{\theta}-\theta}{\theta}$, c 为形状参数。

在 LINEX 损失函数下，参数 θ 的 Bayes 估计 $\hat\theta_{BL}$ 由式 (3.31) 给出：

$$E\left[\frac{1}{\theta}\exp\left(\frac{c\hat\theta_{BL}}{\theta}\right)\mid X\right]=e^c E\left(\frac{1}{\theta}\mid X\right) \qquad (3.31)$$

（3）熵损失函数：

$$L(\hat\theta,\theta)=\frac{\hat\theta}{\theta}-\ln\frac{\hat\theta}{\theta}-1 \qquad (3.32)$$

在熵损失函数下，参数 θ 的 Bayes 估计为：

$$\hat\theta_{BE}=[E(\theta^{-1}\mid X)]^{-1} \qquad (3.33)$$

定理 3.5 设 $X=(X_{U(1)},\cdots,X_{U(n)})$ 为来自广义 Pareto 分布 (3.15) 的一个记录值样本，θ 的共轭先验分布为 Quasi 先验分布 (3.27)，$T=-\ln\left(1-\frac{X_{U(n)}}{\sigma}\right)$，则：

（1）在平方误差损失函数下，参数 θ 的 Bayes 估计为：

$$\hat\theta_{BS}=\frac{T}{n+d-2} \qquad (3.34)$$

（2）在 LINEX 损失函数下，参数 θ 的 Bayes 估计为：

$$\hat\theta_{BL}=\frac{T}{c}\left[1-\exp\left(-\frac{c}{n+d}\right)\right] \qquad (3.35)$$

（3）在熵损失函数下，参数 θ 的 Bayes 估计为：

$$\hat\theta_{BE}=\frac{T}{n+d-1} \qquad (3.36)$$

证明：由于两参数广义 Pareto 分布 (3.15) 的分布函数为：

$$G_{\theta,\sigma}(x)=1-\left(1-\frac{x}{\sigma}\right)^{1/\theta},\qquad 0<x<\sigma$$

则相应的概率密度函数为：

$$f(x;\theta)=\frac{1}{\sigma\theta}\left(1-\frac{x}{\sigma}\right)^{1/\theta-1},\qquad 0<x<\sigma$$

给定 $X=(X_{U(1)},\cdots,X_{U(n)})$ 的样本观测值 $\underline{x}=(x_1,x_2,\cdots,x_n)$，参数 θ 的似然函数为[150]：

$$l(\theta,\underline{x})=f(x_n;\theta)\prod_{i=1}^{n-1}\frac{f(x_i;\theta)}{1-F(x_i;\theta)}$$

$$=\frac{1}{\sigma\theta}\left(1-\frac{x_n}{\sigma}\right)^{1/\theta-1}\cdot\prod_{i=1}^{n-1}\frac{\frac{1}{\sigma\theta}\left(1-\frac{x_i}{\sigma}\right)^{1/\theta-1}}{\left(1-\frac{x_i}{\sigma}\right)^{1/\theta}}$$

$$\propto \theta^{-n}\exp(-t/\theta)$$

其中 $t=-\ln\left(1-\frac{x_n}{\sigma}\right)$ 为 $T=-\ln\left(1-\frac{X_{U(n)}}{\sigma}\right)$ 的样本观测值。由假定 θ 的共轭先验分

布为 Quasi 先验分布 (3.27)，则根据 Bayes 定理，参数 θ 的后验概率密度函数为：

$$h(\theta|x) \propto l(\theta|\underline{x}) \cdot \pi(\theta)$$
$$\propto \theta^{-n} e^{-t/\theta} \theta^{-d}$$
$$\propto \theta^{-(n+d)} e^{-t/\theta}$$

从而 θ 的后验分布为倒伽玛分布 $I\Gamma(n+d-1,t)$，相应的概率密度函数为：

$$h(\theta|x) = \frac{t^{n+d-1}}{\Gamma(n+d-1)} \theta^{-(n+d)} e^{-\frac{t}{\theta}} \tag{3.37}$$

则 (1) 在平方误差损失函数下，参数 θ 的 Bayes 估计为其后验均值，即 θ 的 Bayes 估计：

$$\hat{\theta}_{BS} = E(\theta|X) = \frac{T}{n+d-2}$$

(2) 由式 (3.37) 有：

$$E\left[\frac{1}{\theta}\exp\left(\frac{c\hat{\theta}_{BL}}{\theta}\right)\Big|X\right] = \int_0^\infty \frac{1}{\theta}\exp\left(\frac{c\hat{\theta}_{BL}}{\theta}\right) \frac{T^{n+d-1}}{\Gamma(n+d-1)} \theta^{-(n+d)} e^{-\frac{T}{\theta}} d\theta$$
$$= \frac{T^{n+d-1}}{\Gamma(n+d-1)} \frac{\Gamma(n+d)}{(T-c\hat{\theta}_{BL})^{n+d}}$$

和

$$e^c E\left(\frac{1}{\theta}\Big|X\right) = \int_0^\infty \frac{1}{\theta} \frac{T^{n+d-1}}{\Gamma(n+d-1)} \theta^{-(n+d)} e^{-\frac{T}{\theta}} d\theta$$
$$= e^c \frac{n+d-1}{T}$$

将它们代入式 (3.31) 解得参数 θ 的 Bayes 估计为：

$$\hat{\theta}_{BL} = \frac{T}{c}\left[1 - \exp\left(-\frac{c}{n+d}\right)\right]$$

(3) 在熵损失函数下，参数 θ 的 Bayes 估计为：

$$\hat{\theta}_{BE} = [E(\theta^{-1}|X)]^{-1}$$
$$= \left[\int_0^\infty \frac{1}{\theta} \frac{T^{n+d-1}}{\Gamma(n+d-1)} \theta^{-(n+d)} e^{-\frac{T}{\theta}} d\theta\right]^{-1}$$
$$= \frac{T}{n+d-1}$$

注 3.2 易证 $T = -\ln\left(1 - \frac{X_{U(n)}}{\sigma}\right)$ 服从伽玛分布 $\Gamma(n,\theta^{-1})$，相应的概率密度函数为：

$$h(t) = \frac{1}{\Gamma(n)\theta^n} t^{n-1} e^{-t/\theta}, \quad s > 0 \tag{3.38}$$

3.3.2 各类估计的风险函数比较研究

3.3.2.1 平方误差损失函数下各类估计的风险函数比较

下面推导各个估计量在平方误差损失函数下的风险函数,并给出 Monte Carlo 模拟比较结果。设 $\hat{\theta}$ 为参数 θ 的一个估计量,则在平方误差损失函数下,$\hat{\theta}$ 的风险函数定义为:

$$R(\hat{\theta}) = E[(\hat{\theta}-\theta)^2] = \int_0^\infty (\hat{\theta}-\theta)^2 h(t)\mathrm{d}t \tag{3.39}$$

则利用式(3.39),经过简单的计算可得,三种 Bayes 估计的风险函数分别为:

$$R(\hat{\theta}_{\mathrm{BS}}) = \theta^2 \left[\frac{n(n+1)}{(n+d-2)^2} - \frac{2n}{n+d-2} + 1 \right] \tag{3.40}$$

$$R(\hat{\theta}_{\mathrm{BL}}) = \theta^2 \left[\frac{n(n+1)}{c^2}(1-\mathrm{e}^{-c/(n+d)})^2 - \frac{2n}{c}(1-\mathrm{e}^{-c/(n+d)}) + 1 \right] \tag{3.41}$$

和

$$R(\hat{\theta}_{\mathrm{BE}}) = \theta^2 \left[\frac{n(n+1)}{(n+d-1)^2} - \frac{2n}{n+d-1} + 1 \right] \tag{3.42}$$

为比较各风险函数,将各风险函数与 θ^2 做比值,得到如下三个比率风险函数:

$$\frac{R(\hat{\theta}_{\mathrm{BS}})}{\theta^2} = B_1, \quad \frac{R(\hat{\theta}_{\mathrm{BL}})}{\theta^2} = B_2, \quad \frac{R(\hat{\theta}_{\mathrm{BE}})}{\theta^2} = B_3$$

下面给出 B_1、B_2 和 B_3 随 n 变化的折线图(见图3.2~图3.4),对于 LINEX 损失,取 $c=1$,先验超参数 d 取 0.5, 1.0, 1.5, …, 5.0。

由图3.2~图3.4可以看出,当 n 较小时,各风险函数的图像相差较大,但是随着样本容量 n 的增大,特别是当 $n>50$ 时,各类风险函数趋于一致。当 n 较小时,将图像中对应超参数 d 的风险函数较小的 Bayes 估计作为备选的参数估计值;当 n 较大时,由于各个 Bayes 估计受先验参数 d 的影响较小,此时每个 Bayes 估计均可以作为参数的备选估计值。

3.3.2.2 LINEX 误差损失函数下各类估计的风险函数比较

设 $\hat{\theta}$ 为参数 θ 的一个估计量,则在 LINEX 损失函数下,$\hat{\theta}$ 的风险函数定义为:

$$R(\hat{\theta}) = E[L(\Delta)] = \int_0^\infty L(\Delta)h(t)\mathrm{d}t \tag{3.43}$$

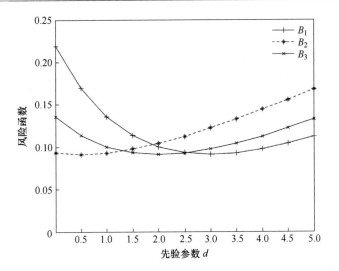

图 3.2　$n=10$ 时比率风险函数

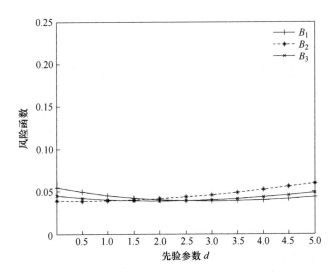

图 3.3　$n=25$ 时比率风险函数

则利用式（3.38），经过简单的计算可得，三类 Bayes 估计的风险函数分别为：

$$R_L(\hat{\theta}_{BS}) = e^{-c}\left(1 - \frac{c}{n+d-2}\right)^{-n} - \frac{nc}{n+d-2} + c - 1 \qquad (3.44)$$

$$R_L(\hat{\theta}_{BL}) = e^{-cd/(n+d)} - n(1 - e^{-c/(n+d)}) + c - 1 \qquad (3.45)$$

和

$$R_L(\hat{\theta}_{BE}) = e^{-c}\left(1 - \frac{c}{n+d-1}\right)^{-n} - \frac{cn}{n+d-1} + c - 1 \qquad (3.46)$$

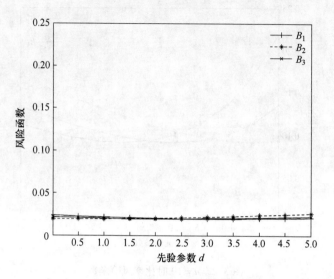

图 3.4 $n=50$ 时比率风险函数

记：

$$R_L(\hat{\theta}_{BS}) = L_1, \qquad R_L(\hat{\theta}_{BL}) = L_2, \qquad R_L(\hat{\theta}_{BE}) = L_3$$

下面给出 L_1、L_2 和 L_3 随 n 变化的折线图（见图 3.5 ~ 图 3.10），对于 LINEX 损失，分别取 $c=-1$ 和 1，先验超参数 d 取 0.5，1.0，1.5，…，5.0。

由图 3.5 ~ 图 3.10 可以看出，LINEX 损失函数受形状参数 c 的影响，因此在 LINEX 损失函数下风险函数以及得到的 Bayes 估计也受其影响。当 n 较小时，各

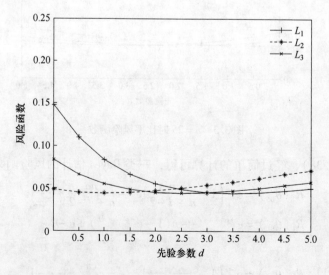

图 3.5 $n=10$ 时比率风险函数（$c=1$）

风险函数的图像相差较大,但是随着样本容量 n 的增大,特别是当 $n>50$ 时,各类风险函数趋于一致。当 n 较小时,将图像中对应于超参数 d 和 c 的风险函数较小的 Bayes 估计作为备选的参数估计值;当 n 较大时,由于各个 Bayes 估计受先验参数 d 的影响较小,此时每个 Bayes 估计均可以作为参数的备选估计值。

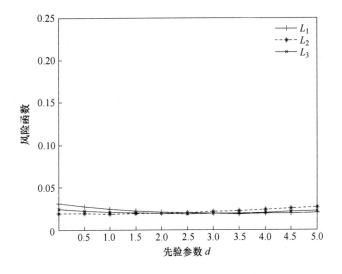

图 3.6 $n=25$ 时比率风险函数($c=1$)

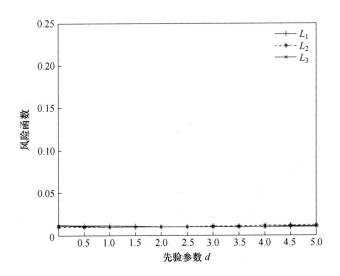

图 3.7 $n=50$ 时比率风险函数($c=1$)

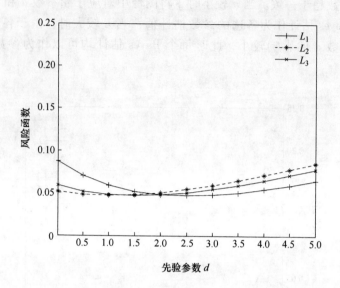

图 3.8　$n=10$ 时比率风险函数（$c=-1$）

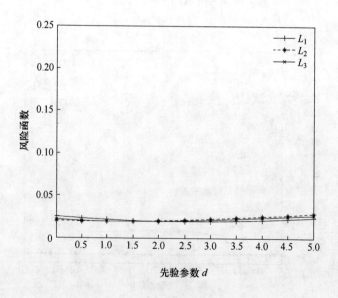

图 3.9　$n=25$ 时比率风险函数（$c=-1$）

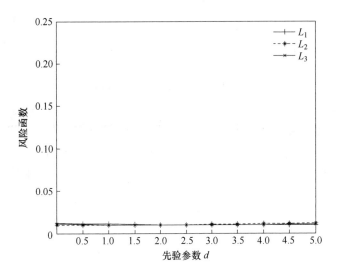

图 3.10 $n=50$ 时比率风险函数（$c=-1$）

3.3.3 广义 Pareto 分布参数的 Minimax 估计

本节将在加权平方误差损失、对数误差平方损失和 MLINEX 损失函数下，讨论广义 Pareto 分布参数的 Bayes 估计和 Minimax 估计问题。首先介绍这三种损失函数。

（1）加权平方误差损失函数的函数表达式为：

$$L_1(\theta,\delta) = \frac{(\delta-\theta)^2}{\theta^2} \tag{3.47}$$

在加权平方误差损失函数下，参数 θ 的 Bayes 估计为：

$$\hat{\delta}_{BS} = \frac{E(\theta^{-1}\mid X)}{E(\theta^{-2}\mid X)} \tag{3.48}$$

（2）对数误差平方损失函数[151]的函数表达式为：

$$L_2(\theta,\delta) = (\ln\delta - \ln\theta)^2 \tag{3.49}$$

此损失函数并不总是凸的，当 $\frac{\delta}{\theta} \leq e$ 时，为凸的；当 $\frac{\delta}{\theta} \geq e$ 时，为凹的。但它的风险函数存在唯一最小解：

$$\hat{\delta}_{BSL} = \exp[E(\ln\theta \mid X)] \tag{3.50}$$

（3）MLINEX 损失函数由 Podder[152] 提出，作为 LINEX 损失的一种扩展，其函数表达式为：

$$L_3(\theta,\delta) = w\left[\left(\frac{\delta}{\theta}\right)^c - c\ln\left(\frac{\delta}{\theta}\right) - 1\right], \quad c \neq 0, w > 0 \tag{3.51}$$

此损失函数为非对称损失函数，当 $\frac{\delta}{\theta} = 1$ 时，损失函数 $L_2(\theta,\delta) = 0$，令 $R = \frac{\delta}{\theta}$，则相对误差函数 $L_2(R)$ 在 $R = 1$ 处取得最小值。如果令 $D = \ln R = \ln\delta - \ln\theta$，那么 $L_2(R)$ 能够表示为我们所熟悉的 LINEX 损失函数：

$$L(\theta,\delta) = k[\mathrm{e}^{\lambda(\delta-\theta)} - \lambda(\delta-\theta) - 1], \quad \lambda \neq 0, k > 0$$

相同的形式。此损失函数又称为广义熵（GE）损失函数，在 $c = 1$ 时，此损失函数变成熵损失函数。当 $c > 0$ 时，一个正的偏差引起的损失要高于一个负的偏差。

关于对数误差损失和 MLINEX 损失函数以及其他各类损失函数的更多应用，参见文献 [152~166]。

引理 3.1 设 δ 为参数 θ 在判别空间中的一个估计量，$\pi(\theta)$ 为 θ 的任一先验分布，则在 MLINEX 损失函数 (3.51) 下，参数 θ 的 Bayes 估计为：

$$\delta_{\mathrm{MML}}(x) = [E(\theta^{-c} \mid x)]^{-\frac{1}{c}} \tag{3.52}$$

并且解是唯一的，这里假定 $r(\delta) = E_{(\theta,\delta)}[L_2(\theta,\delta)] < +\infty$。

证明： 在 MLINEX 损失函数下，估计量 δ 对应的 Bayes 风险为：

$$r(\delta) = E_\theta[E(L_2(\theta,\delta) \mid X)]$$

故欲使 $r(\delta)$ 达到最小，只需 $E(L_2(\theta,\delta) \mid X)$ 几乎处处达到最小。

由于

$$E[L_2(\theta,\delta) \mid X] = E\left\{ w\left[\left(\frac{\delta}{\theta}\right)^c - c\ln\left(\frac{\delta}{\theta}\right) - 1\right] \mid X \right\}$$

$$= wE\left[\left(\frac{\delta}{\theta}\right)^c - c\ln\left(\frac{\delta}{\theta}\right) \mid X\right] - w$$

所以，只需 $g(\delta) = E\left[\left(\frac{\delta}{\theta}\right)^c - c\ln\left(\frac{\delta}{\theta}\right) \mid X\right]$ 达到最小，即：

$$g(\delta) = \delta^c E\left(\frac{1}{\theta^c} \mid X\right) - c\ln\delta + cE(\ln\theta \mid X)$$

达到最小。令 $g'(\delta) = 0$，有：

$$c\delta^{c-1} E\left(\frac{1}{\theta^c} \mid X\right) - \frac{c}{\delta} = 0$$

解得

$$\delta_{\mathrm{MML}}(x) = [E(\theta^{-c} \mid x)]^{-\frac{1}{c}}$$

下面证明唯一性：

欲证唯一性，只要证 $r(\delta_{\mathrm{MML}}) < +\infty$ 即可。由题设 $r(\delta) < +\infty$，而 $r(\delta_{\mathrm{MML}}) < r(\delta)$，故 $r(\delta_{\mathrm{MML}}) < +\infty$。

综上，结论得证。

3.3 基于记录值的广义 Pareto 分布参数的 Minimax 估计

定理 3.6 设 $X = (X_{U(1)}, \cdots, X_{U(n)})$ 为来自广义 Pareto 分布：

$$F(x,\theta) = 1 - \left(1 - \frac{x}{\sigma}\right)^{\theta}, \qquad 0 < x < \sigma \tag{3.53}$$

的一个记录值样本，θ 的共轭先验分布为 Quasi 先验分布 (3.27)，$T = -\ln\left(1 - \frac{X_{U(n)}}{\sigma}\right)$，则：

(1) 在加权平方误差损失函数下，参数 θ 的 Bayes 估计为：

$$\hat{\delta}_{\mathrm{BS}} = \frac{n-d-1}{T} \tag{3.54}$$

(2) 在对数误差平方损失函数下，参数 θ 的 Bayes 估计为：

$$\hat{\delta}_{\mathrm{BSL}} = \frac{\mathrm{e}^{\Psi(n-d+1)}}{T} \tag{3.55}$$

其中

$$\Psi(n) = \frac{\mathrm{d}}{\mathrm{d}n}\ln\Gamma(n) = \int_0^{+\infty} \frac{\ln y \cdot y^{n-1}\mathrm{e}^{-y}}{\Gamma(n)}\mathrm{d}y$$

为 Digamma 函数。

(3) 在 MLINEX 损失函数下，参数 θ 的 Bayes 估计为：

$$\hat{\delta}_{\mathrm{MML}} = \left[\frac{\Gamma(n-d+1)}{\Gamma(n-d-c+1)}\right]^{\frac{1}{c}} \frac{1}{T} \tag{3.56}$$

证明：设参数 θ 具有 Quasi 无信息先验密度：$\pi(\theta) \propto \frac{1}{\theta^d}$；$\theta > 0$。由类似定理 3.5 的推导，由结论 $\theta \mid X \sim \Gamma(n-d+1, T)$ 知：

$$E(\theta^{-1} \mid X) = \frac{T}{n-d}$$

$$E(\theta^{-2} \mid X) = \frac{T^2}{(n-d)(n-d-1)}$$

于是在加权平方损失函数下，参数 θ 的 Bayes 估计为：

$$\hat{\delta}_{\mathrm{BS}} = \frac{E(\theta^{-1} \mid X)}{E(\theta^{-2} \mid X)} = \frac{T/(n-d)}{T/(n-d)(n-d-1)} = \frac{n-d-1}{T}$$

由于：

$$E(\ln\theta \mid X) = \frac{T^{n-d+1}}{\Gamma(n-d+1)}\int_0^{\infty}\ln\theta \cdot \theta^{(n-d+1)-1}\mathrm{e}^{-\theta T}\mathrm{d}\theta$$

$$= \frac{\mathrm{d}}{\mathrm{d}n}\ln\Gamma(n-d+1) - \ln T$$

$$= \psi(n-d+1) - \ln T$$

故在对数误差平方损失函数下，参数 θ 的 Bayes 估计为：

$$\hat{\delta}_{\mathrm{BSL}} = \exp[E(\ln\theta \mid X)] = \frac{\mathrm{e}^{\Psi(n-d+1)}}{T}$$

由于

$$E(\theta^{-c}|X) = \int_0^\infty \theta^{-c} f(\theta|X) d\theta$$

$$= \int_0^\infty \theta^{-c} \frac{T^{n-d+1}}{\Gamma(n-d+1)} \theta^{n-d} e^{-t\theta} d\theta$$

$$= \frac{T^{n-d+1}}{\Gamma(n-d+1)} \times \frac{\Gamma(n-d-c+1)}{T^{n-d-c+1}}$$

$$= \frac{\Gamma(n-d-c+1)}{\Gamma(n-d+1)} T^c$$

故由引理 3.1 有，在 MLINEX 损失函数下，参数 θ 的 Bayes 估计为：

$$\hat{\delta}_{\text{MML}} = [E(\theta^{-c}|X)]^{-\frac{1}{c}} = \left[\frac{\Gamma(n-d+1)}{\Gamma(n-d-c+1)}\right]^{\frac{1}{c}} \frac{1}{T}$$

引理 3.2（Lehmann 定理）在给定的 Bayes 决策问题中，D 为非随机化决策函数类，设 $\delta^* \in D$ 为 θ 的相应于先验分布 $\pi^*(\theta)$ 的 Bayes 估计，且其风险函数 $R(\delta^*, \theta)$ 为常数，则估计量 δ^* 为 θ 的 Minimax 估计。

定理 3.7 设 $X = (X_{U(1)}, \cdots, X_{U(n)})$ 为来自广义 Pareto 分布（3.53）的一个记录值样本，$T = -\ln\left(1 - \frac{X_{U(n)}}{\sigma}\right)$，则：

(1) $\hat{\delta}_{\text{BS}} = \frac{n-d-1}{T}$ 为参数 θ 在加权平方误差损失函数下的 Minimax 估计。

(2) $\hat{\delta}_{\text{BSL}} = \frac{e^{\Psi(n-d+1)}}{T}$ 为参数 θ 在对数误差平方损失函数下的 Minimax 估计。

(3) $\hat{\delta}_{\text{MML}} = \left[\frac{\Gamma(n-d+1)}{\Gamma(n-d-c+1)}\right]^{\frac{1}{c}} \frac{1}{T}$ 为参数 θ 在 MLINEX 损失函数下的 Minimax 估计。

证明：由引理 3.2，只需要证明 θ 的 Bayes 估计 δ 的风险函数是常数就能根据 Lehmann 定理得到所需要的结论。受定理 3.6 的证明过程和结论的启发，这里设参数 θ 具有 Quasi 无信息先验分布：$\pi(\theta) \propto \frac{1}{\theta^d}$；$\theta > 0$，那么在给定样本观测值后，由类似定理 3.5 的推导，参数 θ 的后验概率密度为：

$$f(\theta|x) = \frac{t^n}{\Gamma(n)} \theta^{n-1} e^{-t\theta}$$

其中，$t = -\ln\left(1 - \frac{x_n}{\sigma}\right)$。

(1) 相应于加权平方误差损失函数，估计量 $\hat{\delta}_{\text{BS}} = \frac{n-d-1}{T}$ 的风险函数为：

$$R_1(\theta) = E\left[L_1\left(\theta, \frac{n-d-1}{T}\right)\right]$$

$$= E\left\{\left[\frac{(n-d-1)/T-\theta}{\theta}\right]^2\right\}$$

$$= \frac{1}{\theta^2}\left[(n-d-1)^2 E(T^{-2}) - 2\theta(n-d-1)E(T^{-1}) + \theta^2\right]$$

易证 $T \sim \Gamma(n,\theta)$，有如下结论成立：

$$E(T^{-1}) = \frac{\theta}{n-1}$$

$$E(T^{-2}) = \frac{\theta^2}{(n-1)(n-2)}$$

于是

$$R_1(\theta) = \frac{1}{\theta^2}\left[(n-d-1)^2 \frac{\theta^2}{(n-d)(n-2)} - 2\theta(n-d-1)\frac{\theta}{n-d} + \theta^2\right]$$

$$= 1 - 2\frac{n-d-1}{n-d} + \frac{(n-d-1)^2}{(n-d)(n-2)}$$

显然风险函数 $R_1(\theta)$ 为与 θ 无关的常数，从而由引理 3.2 知结论（1）得证。

（2）相应于对数误差平方损失函数，估计量 $\hat{\delta}_{\mathrm{BSL}} = \dfrac{\mathrm{e}^{\Psi(n-d+1)}}{T}$ 的风险函数为：

$$R_2(\theta) = E[L_2(\theta, \hat{\delta}_{\mathrm{BSL}})]$$

$$= E[(\ln\hat{\delta}_{\mathrm{BSL}} - \ln\theta)^2]$$

$$= E(\ln\hat{\delta}_{\mathrm{BSL}})^2 - 2\ln\theta \cdot E[\ln\hat{\delta}_{\mathrm{BSL}}] + (\ln\theta)^2$$

由 $T \sim \Gamma(n,\theta)$ 得：

$$E\left(\frac{1}{T}\right) = \frac{\theta}{n-1}$$

$$E\left(\frac{1}{T^2}\right) = \frac{\theta^2}{(n-1)(n-2)}$$

$$E[\ln T] = \Psi(n) - \ln\theta$$

于是：

$$E(\ln\hat{\delta}_{\mathrm{BSL}}) = E[\Psi(n-d+1) - \ln T]$$

$$= \Psi(n-d+1) - (\Psi(n) - \ln\theta)$$

$$= \Psi(n-d+1) - \Psi(n) + \ln\theta$$

$$E(\ln\hat{\delta}_{\mathrm{BSL}})^2 = E[\Psi(n-d+1) - \ln T]^2$$

$$= \Psi^2(n-d+1) - 2\Psi(n-d+1)E(\ln T) + E[(\ln T)^2]$$

且根据以下事实：

$$\Psi'(n) = \int_0^\infty \frac{(\ln y)^2 y^{n-1} \mathrm{e}^{-y}}{\Gamma(n)} \mathrm{d}y - \int_0^\infty \frac{(\ln y)^2 y^{n-1} \mathrm{e}^{-y}}{\Gamma(n)} \Psi(n) \mathrm{d}y$$

$$= E[(\ln Y)^2] - \Psi^2(n)$$

其中，$Y \sim \Gamma(n,1)$。

由伽玛分布的性质有：$Y = T\theta \sim \Gamma(n,1)$

故有：
$$\Psi^2(n) + \Psi'(n) = E[(\ln Y)^2] = E[(\ln T + \ln\theta)^2]$$
$$= E[(\ln T)^2] + 2\ln\theta E(\ln T) + (\ln\theta)^2$$
$$= E[(\ln T)^2] + 2\ln\theta[\Psi(n) - \ln\theta] + (\ln\theta)^2$$

从而有：
$$E[(\ln T)^2] = \Psi^2(n) + \Psi'(n) - 2\ln\theta\Psi(n) + (\ln\theta)^2$$

因而有：
$$E[\ln\hat{\delta}_{BSL}]^2 = \Psi^2(n-d+1) - 2\Psi(n-d+1)E(\ln T) + E[(\ln T)^2]$$
$$= \Psi^2(n-d+1) - 2\Psi(n-d+1)[\Psi(n) - \ln\theta] +$$
$$\Psi^2(n) + \Psi'(n) - 2\ln\theta\Psi(n) + (\ln\theta)^2$$

综上，有：
$$R_2(\theta) = E[\ln\hat{\delta}_{BSL}]^2 - 2\ln\theta \cdot E\ln[\hat{\delta}_{BSL}] + (\ln\theta)^2$$
$$= \Psi^2(n-d+1) - 2\Psi(n-d+1)[\Psi(n) - \ln\theta] + \Psi^2(n) + \Psi'(n) -$$
$$2\ln\theta \cdot \Psi(n) + (\ln\theta)^2 - 2\ln\theta \cdot [\Psi(n-d+1) - \Psi(n) + \ln\theta] + (\ln\theta)^2$$
$$= \Psi^2(n-d+1) - 2\Psi(n)\Psi(n-d+1) + \Psi^2(n) + \Psi'(n)$$

显然风险函数 $R_2(\theta)$ 也为与 θ 无关的常数，从而由引理 3.2 知结论（3）得证。

(3) 令 $K = \left[\dfrac{\Gamma(n-d+1)}{\Gamma(n-d-c+1)}\right]^{\frac{1}{c}}$，则在 MLINEX 损失函数下，估计量 $\hat{\delta}_{MML} = \dfrac{K}{T}$ 的风险函数为：

$$R_3(\theta) = E[L_3(\theta, \hat{\delta}_{MML})]$$
$$= wE\left[\left(\frac{\hat{\delta}_{MML}}{\theta}\right)^c - c\ln\frac{\hat{\delta}_{MML}}{\theta} - 1\right]$$
$$= w\left[\frac{1}{\theta^c}E(\hat{\delta}_{MML}^c) - cE(\ln\hat{\delta}_{MML}) + c\ln\theta - 1\right]$$

由 $T \sim \Gamma(n,\theta)$ 得：
$$E[T^{-c}] = \int_0^\infty t^{-c} \frac{t^{n-1}}{\Gamma(n)} \theta^n e^{-\theta t} dt$$
$$= \theta^n \frac{1}{\Gamma(n)} \frac{\Gamma(n-c)}{\theta^{n-c}}$$
$$= \frac{\Gamma(n-c)}{\Gamma(n)} \theta^c$$

于是有：

$$E(\hat{\delta}_{\text{MML}}^c) = E\left(\frac{K}{T}\right)^c = K^c E(T^{-c}) = K^c \frac{\Gamma(n-c)}{\Gamma(n)} \theta^c = \theta^c$$

$$E(\ln\hat{\delta}_{\text{MML}}) = E\left(\ln\frac{K}{T}\right) = \ln K - E(\ln T)$$
$$= \ln K + \ln\theta - \Psi(n)$$

故有：

$$R_3(\theta) = E[L_3(\theta, \hat{\delta}_{\text{MML}})] = w[\ln K^{-c} + c\Psi(n)]$$

为关于 θ 的常数，从而由引理 3.2 知结论（3）得证。

3.4 基于对称熵损失的指数分布模型的 Bayes 统计推断

记录值是刻画随机变量序列变化趋势的一个重要的数值，其定义最早由 Chandler 于 1952 年提出，随后 Dziubdziela 和 Kopocinski（1976）将其推广定义了 K-记录值。设 $\{X_n, n \geq 1\}$ 是一个随机变量序列，如果 $X_j > \max\{X_1, X_2, \cdots, X_{j-1}\}$，则称 X_j 是该序列的一个记录值。例如：如果 $\{X_n, n \geq 1\}$ 是历年的粮食总产量，则记录值就是创下的历史上的最高产量值；如果 $\{X_n, n \geq 1\}$ 是历年的长江最高水位，则记录值就是历史上的最高洪水水位值；如果 $\{X_n, n \geq 1\}$ 是股市的逐日交易值，则记录值就是创下的最大交易额的数值。

记录值已被广泛应用到诸如气候学、水文学、地震、遗传学、保险精算、机械工程以及体育事件等诸多领域。例如在保险业中，通常假定索赔额序列是服从某个重尾分布的正值独立同分布的随机变量序列，根据破产理论，导致保险公司破产的往往是那些以小概率发生的大额索赔，因此，大额索赔的发生规律是破产理论的重要研究内容之一，其中包括对记录值分布规律的研究；在气象学中研究降雨（雪）量，我们可以由到目前为止所得到的测量值（记录值）来预测未来的降雨（雪）量等。因此研究记录值的变化趋势以及统计推断理论，对于国民经济的发展具有重要意义。

对记录值的研究，引起很多学者的兴趣。已有很多文献基于记录值进行了统计推断，但大多是在经典统计理论框架下进行研究的。Houchens（1984）指出对于一个样本容量为 n 的独立同分布随机样本，最多可以得到 $\log(n)$ 个记录值，于是记录值样本个数变少很多，而对于小子样总体而言，Bayes 方法是一个很好的选择．最近基于记录值模型参数的 Bayes 估计问题引起了很多学者的兴趣。但大多数 Bayes 推断程序都是在平方损失函数下讨论，在估计可靠性及失效率函数时，高估通常会比低估带来的后果更严重，在这种情况下使用对称损失函数可能是不合实际的。针对此，选取合适的非对称损失函数是很有必要的。已经有一部分文献在 LINEX 损失函数下研究记录值模型参数的统计推断理论，然而熵损失函数及 Podder（2004）提出的修正的线性指数（MLINEX）损失函数也是比较常用的非对称损失函数,虽已有很多学者将它们应用到模型的统计研究,但基于记录值的 Bayes 统计推断还未见研究,所以有必要将这部分理论推广到记录值模型,丰富 Bayes 统计推断理论。

Ali 等[167]研究了基于记录值的 Gumbel 模型参数的 Bayes 估计、预测和相关性质;Jaheen[168]研究了基于记录值样本 Gompertz 模型参数的 Bayes 估计问题;Ahmadi 和 Doostparast[169]研究了基于记录值样本的几类常见分布模型的 Bayes 估计和预测问题。Asgharzadeh[170]在平方损失函数下研究了基于记录值的指数分布参数的 Bayes 估计并讨论了估计可容许性估计等问题。

本节将基于记录值样本在对称熵损失函数下,研究指数分布未知参数 θ 的 Bayes 估计和一类线性形式估计 $cX_{U(n)}+d$ 的可容许性。

3.4.1 基于记录值的指数分布参数的经典估计

本节所考虑的指数分布的概率密度函数为:

$$f(x;\theta) = \frac{1}{\theta} e^{-\frac{1}{\theta}x}, \quad x > 0 \tag{3.57}$$

其中,$\theta > 0$ 为未知参数。

假设观察到来自指数分布(3.57)的 n 个上记录值为 $X_{U(1)} = x_1, X_{U(2)} = x_2, \cdots, X_{U(n)} = x_n$,记 $x = (x_1, x_2, \cdots, x_n)$,有:

(1) $X_{U(1)}, X_{U(2)}, \cdots, X_{U(n)}$ 的联合密度函数为:

$$f(x;\theta) = \theta^{-n} e^{-\frac{x_n}{\theta}} \tag{3.58}$$

(2) $X_{U(n)}$ 的边缘密度函数为:

$$f_n(x_n;\theta) = \frac{1}{\theta^n \Gamma(n)} x_n^{n-1} e^{-\frac{x_n}{\theta}} \tag{3.59}$$

且有 θ 的极大似然估计为:

$$\hat{\theta}_{\text{MLE}} = \frac{X_{U(n)}}{n} \tag{3.60}$$

和

$$E(\hat{\theta}_{\text{MLE}}) = \theta, \text{Var}(\hat{\theta}_{\text{MLE}}) = \frac{\theta^2}{n} \tag{3.61}$$

设 δ 为 θ 的一个估计,Bayes 风险 $r(\delta) < +\infty$,则对称熵损失函数定义为[171]:

$$L(\theta, \delta) = \frac{\delta}{\theta} + \frac{\theta}{\delta} - 2 \tag{3.62}$$

在对称熵损失函数下,θ 的 Bayes 估计为:

$$\hat{\delta}_B = [E(\theta|X)/E(\theta^{-1}|X)]^{1/2} \tag{3.63}$$

并且解是唯一的。

3.4 基于对称熵损失的指数分布模型的 Bayes 统计推断

考虑到统计判决问题中的指数分布模型（3.57）和对称熵损失函数（3.62）在变换群 $G = \{g_c : g_c(x) = cx, c > 0\}$ 下都具有不变性，我们将在下面定理中证明 θ 的最小风险同变估计（MRE）的数学表达式。

定理 3.8 设 $X = (X_{U(1)}, \cdots, X_{U(n)})$ 具有服从指数分布（3.58），记 $Z = (Z_1, Z_2, \cdots, Z_n)$，$Z_i = \dfrac{X_{U(i)}}{X_{U(n)}}(i = 1, 2, \cdots, n)$，在对称熵损失函数（3.62）和变换群 G 下，设 θ 的同变估计量 $\delta_0(X) = X_{U(n)}$ 的风险有限，那么：

（1）θ 的 MRE 估计为：

$$\delta^*(X) = \delta_0(X)[E_1(\delta_0^{-1}(X) \mid Z) / E_1(\delta_0(X) \mid Z)]^{1/2} \tag{3.64}$$

而且在几乎处处相等的意义下是唯一的（这里 E_1 表示 $\theta = 1$ 时的数学期望）。

（2）$\delta^*(X)$ 的精确表达形式为：

$$\delta^*(X) = \frac{X_{U(n)}}{\sqrt{n(n-1)}} \tag{3.65}$$

证明：设 $\delta(X) = \delta(X_{U(1)}, X_{U(2)}, \cdots, X_{U(n)})$ 为 θ 在群 G 下的任一同变估计量，则有：

$$\delta(X) = \delta_0(X) H(Z)$$

其中：

$$H(Z) = \frac{\delta\left(\dfrac{X_{U(1)}}{X_{U(n)}}, \dfrac{X_{U(2)}}{X_{U(n)}}, \cdots, \dfrac{X_{U(n-1)}}{X_{U(n)}}, 1\right)}{\delta_0\left(\dfrac{X_{U(1)}}{X_{U(n)}}, \dfrac{X_{U(2)}}{X_{U(n)}}, \cdots, \dfrac{X_{U(n-1)}}{X_{U(n)}}, 1\right)}$$

设同变估计量在 $\theta = 1$ 下的均方有限，不失一般性，可先设 $E_1 \delta_0^2(X) < \infty$，易证 $\dfrac{\delta_0(X)}{\theta}$ 及 $H(Z)$ 的分布与 θ 无关，故 $\delta(X)$ 对应的风险函数为：

$$R(\theta, \delta(X)) = E_\theta[L(\theta, \delta(X))]$$
$$= nE_\theta\left[\frac{\delta_0(X)H(Z)}{\theta} + \frac{\theta}{\delta_0(X)H(Z)} - 2\right]$$
$$= nE_1[\delta_0(X)H(Z) + \delta_0^{-1}(X)H^{-1}(Z) - 2]$$
$$= nE\{E_1[\delta_0(X)H(Z) + \delta_0^{-1}(X)H^{-1}(Z) - 2 \mid Z]\}$$
$$= nE\{H(Z)E_1[\delta_0(X) \mid Z] + H^{-1}(Z)E_1[\delta_0^{-1}(X) \mid Z] - 2\}$$

令：

$$f(x) = xE_1(\delta_0(X) \mid Z) + x^{-1}E_1(\delta_0^{-1}(X) \mid Z) - 2$$

则：

$$f''(x) = 2x^{-3}E_1(\delta_0^{-1}(X) \mid Z) > 0$$

令：

$$f'(x) = E_1(\delta_0(X) \mid Z) - x^{-2} E_1(\delta_0^{-1}(X) \mid Z) = 0$$

解得：

$$x = H(Z) = \left[\frac{E_1(\delta_0^{-1}(X) \mid Z)}{E_1(\delta_0(X) \mid Z)} \right]^{1/2} \tag{3.66}$$

于是当 $x = H(Z)$ 时，$R(\theta, \delta(X))$ 有最小值，从而参数 θ 的最小风险同变估计为：

$$\delta^*(X) = \delta_0(X) [E_1(\delta_0^{-1}(X) \mid Z) / E_1(\delta_0(X) \mid Z)]^{1/2}$$

下面求 $\delta^*(X)$ 的精确表达形式。

取估计量 $\delta_0(X) = X_{U(n)}$，首先证明 $\delta_0(X)$ 与 Z 独立。

令 $Y = \left(\dfrac{X_{U(1)}}{X_{U(n)}}, \dfrac{X_{U(2)}}{X_{U(n)}}, \cdots, \dfrac{X_{U(n-1)}}{X_{U(n)}}, X_{U(n)} \right)$，即 $Y = (Z_1, Z_2, \cdots, Z_{r-1}, \delta_0) = (Z, \delta_0(X))$，则由式（3.58）得 Y 的概率密度函数为：

$$f(y; \theta) = \frac{1}{\theta^n} \delta_0^{n-1} e^{-\frac{\delta_0}{\theta}} \tag{3.67}$$

于是 $\delta_0(X)$ 与 Z 独立。且由式（3.59）知：

$$E_1(\delta_0(X) \mid Z) = E_1 \delta_0(X) = E_1 X_{U(n)} = n$$

$$E_1(\delta_0^{-1}(X) \mid Z) = E_1 \delta_0^{-1}(X) = E_1 \frac{1}{X_{U(n)}} = \frac{1}{n-1}$$

从而 θ 的最小风险同变估计的精确表达形式为：

$$\delta^*(X) = \delta_0(X) [E_1(\delta_0^{-1}(X) \mid Z) / E_1(\delta_0(X) \mid Z)]^{1/2} = \frac{X_{U(n)}}{\sqrt{n(n-1)}}$$

引理 3.3[172]　设 $X \sim f(x; \theta)$，$\theta \in \Theta$，Θ 为参数空间，θ 的先验分布为 $\pi(\theta)$，统计判决问题的损失函数为 $L(\theta, \delta)$，那么：

（1）如果 $L(\theta, \delta)$ 关于估计量 δ 为严凸函数，那么该统计判决问题的 Bayes 解几乎处处唯一。

（2）如果 θ 的 Bayes 估计是唯一的，那么它是容许估计量。

3.4.2　参数 Bayes 估计

定理 3.9　设 $X = (X_{U(1)}, \cdots, X_{U(n)})$ 为来自指数分布（3.57）的一个上记录值样本，参数 θ 的先验分布为倒伽玛分布 $I\Gamma(\alpha, \beta)$，则在对称熵损失函数（3.62）下，参数 θ 的可容许的 Bayes 估计为：

$$\hat{\delta}_B = \frac{\beta + X_{U(n)}}{\sqrt{(n+\alpha)(n+\alpha-1)}} \tag{3.68}$$

证明：设参数 θ 的共轭先验分布为倒伽玛分布 $I\Gamma(\alpha, \beta)$，即其概率密度函数为：

$$\pi(\theta; \alpha, \beta) = \frac{\beta^\alpha}{\Gamma(\alpha)} \theta^{-(\alpha+1)} e^{-\frac{\beta}{\theta}}, \quad \theta > 0, \alpha, \beta > 0 \tag{3.69}$$

3.4 基于对称熵损失的指数分布模型的 Bayes 统计推断

易证：

$$\theta \mid X \sim I\Gamma(\alpha+r, \beta+X_{U(n)}) \tag{3.70}$$

则：

$$E(\theta \mid X) = \frac{\beta + X_{U(n)}}{n+\alpha-1}$$

$$E(\theta^{-1} \mid X) = \frac{n+\alpha}{\beta + X_{U(n)}}$$

于是由式（3.52）有：

$$\hat{\delta}_B = \left[\frac{E(\theta \mid X)}{E(\theta^{-1} \mid X)}\right]^{1/2} = \left[\frac{\beta + X_{U(n)}}{n+\alpha-1} \Big/ \frac{n+\alpha}{\beta + X_{U(n)}}\right]^{1/2} = \frac{\beta + X_{U(n)}}{\sqrt{(n+\alpha)(n+\alpha-1)}}$$

亦即：

$$\hat{\delta}_B = \frac{1}{\sqrt{(n+\alpha)(n+\alpha-1)}} X_{U(n)} + \frac{\beta}{\sqrt{(n+\alpha)(n+\alpha-1)}} \tag{3.71}$$

又由于损失函数（3.62）关于 δ 是严凸函数，于是由引理 3.3 知，它是容许的。

注 3.3 在定理 3.9 的条件下，且当 α 已知，β 未知时，可以应用经验 Bayes 方法给出它的估计。通过直接运算得样本 $X = (X_{U(1)}, \cdots, X_{U(n)})$ 的边缘概率密度为：

$$m(x \mid \beta) = \int_0^\infty f(\underline{x} \mid \theta) \pi(\theta \mid \beta) d\theta$$

$$= \int_0^\infty \theta^{-n} e^{-\frac{x_n}{\theta}} \frac{\beta^\alpha}{\Gamma(\alpha)} \theta^{-(\alpha+1)} e^{-\frac{\beta}{\theta}} d\theta \tag{3.72}$$

$$= \frac{\beta^\alpha}{\Gamma(\alpha)} \frac{\Gamma(n+\alpha)}{(\beta+x_n)^{n+\alpha}}$$

则由式（3.62），超参数 β 的极大似然估计为：

$$\hat{\beta} = \frac{\alpha}{n} X_{U(n)} \tag{3.73}$$

将式（3.73）代入 θ 的 Bayes 估计（3.68）中，得到参数 θ 的经验 Bayes 估计为：

$$\hat{\delta}_{EB} = \frac{\hat{\beta} + X_{U(n)}}{\sqrt{(n+\alpha)(n+\alpha-1)}}$$

$$= \frac{\frac{\alpha}{n} X_{U(n)} + X_{U(n)}}{\sqrt{(n+\alpha)(n+\alpha-1)}} \tag{3.74}$$

$$= \frac{n+\alpha}{n \sqrt{(n+\alpha)(n+\alpha-1)}} X_{U(n)}$$

3.4.3 线性形式估计量的可容许性

由前面的讨论知，在适当的倒伽玛先验分布下，参数 θ 的最小风险同变估计量、Bayes 估计以及经验 Bayes 估计都具有形式 $cX_{U(n)}+d$，而形如 $cX_{U(n)}+d$ 的这一类估计的可容许性与常数 c 和 d 的取值有关。下面分别对 c 和 d 的不同取值讨论 $cX_{U(n)}+d$ 形式估计量的可容许性。以下令 $c^* = \dfrac{1}{\sqrt{n(n-1)}}$，且 $n>1$。

定理 3.10 当 $0 \leqslant c < c^*$，$d > 0$ 时，估计量 $cX_{U(n)}+d$ 是可容许的。

证明：前面已证在对称熵损失函数（3.62）下，θ 有唯一的 Bayes 解：

$$\hat{\delta}_B = \frac{1}{\sqrt{(n+\alpha)(n+\alpha-1)}} X_{U(n)} + \frac{\beta}{\sqrt{(n+\alpha)(n+\alpha-1)}}$$

而此时参数 θ 先验概率密度函数为：

$$\pi(\theta;\alpha,\beta) = \frac{\beta^\alpha}{\Gamma(\alpha)} \theta^{-(\alpha+1)} e^{-\frac{\beta}{\theta}}, \qquad \theta>0, \alpha,\beta>0$$

则当 $0 < c < c^*$，$d > 0$ 时，若令：

$$c = \frac{1}{\sqrt{(n+\alpha)(n+\alpha-1)}}, \qquad d = \frac{\beta}{\sqrt{(n+\alpha)(n+\alpha-1)}}$$

一定存在 $\alpha>0$，$\beta>0$，事实上只需取：

$$\alpha = \frac{1-2n+\sqrt{1+\dfrac{4}{c^2}}}{2}, \qquad \beta = \frac{d}{c}$$

就可以使式（3.71）成立。由于在定理 3.6 已经证明了式（3.71）表示的 Bayes 估计是可容许的，故估计量 $cX_{U(n)}+d$ 是可容许的。下面考虑 $c=0$，$d>0$ 情形的可容许性。

当 $c=0$，$d>0$ 时，由于估计量为常值 d，若此时估计量是不可容许的，那么一定存在某估计量 $\delta_1(X)$ 好于 d，即满足：

$$0 \leqslant R(\theta,\delta_1(X)) \leqslant R(\theta,d)$$

对某些 θ 的取值，不等号严格成立。

当 $\delta = d$ 时，有：

$$0 \leqslant R(d,\delta_1(X)) \leqslant R(d,d) = 0$$

即：

$$R(d,\delta_1(X)) = 0$$

由于损失函数是非负的，于是有 $L(d,\delta_1(X))=0$，且等号几乎处处成立，即几乎处处有 $\delta_1(X)=d$。从而当 $c=0$，$d>0$ 时，估计量 $cX_{U(n)}+d$ 是可容许的。

定理 3.11 若下列条件之一成立，估计量 $cX_{U(n)}+d$ 是不可容许的：

(1) $c<0$ 或 $d<0$；

(2) $0 < c < c^*$, $d = 0$;

(3) $c > c^*$, $d > 0$。

证明：若（1）成立，估计 $cX_{U(n)} + d$ 取负值具有正概率，因此估计 $\max\{0, cX_{U(n)} + d\}$ 比 $cX_{U(n)} + d$ 好。

在（2）的条件下，有：

$$R(\theta, cX_{U(n)}) = E\left[\frac{cX_{U(n)}}{\theta} + \frac{\theta}{cX_{U(n)}} - 2\right]$$

$$= \frac{c}{\theta}EX_{U(n)} + \frac{\theta}{c}E\left(\frac{1}{X_{U(n)}}\right) - 2$$

$$= nc + \frac{1}{c(n-1)} - 2$$

从而有：

$$\frac{\partial}{\partial c}R(\theta, cX_{U(n)}) = n - \frac{1}{c^2}\frac{1}{n-1} < 0$$

从而当 $0 < c < c^* = \dfrac{1}{\sqrt{n(n-1)}}$ 时，$R(\theta, cX_{U(n)})$ 关于 c 是单调递减的，故当 $c = c^*$，$d = 0$ 时，风险 $R(\theta, c^*X_{U(n)})$ 是最小的，因此 $c^*X_{U(n)}$ 比 $cX_{U(n)}$ 好。

若（3）成立，估计 $\delta^* = c^*X_{U(n)} + \dfrac{c^*}{c}d$ 好于 $\delta = cX_{U(n)} + d$。

事实上：

$$R(\theta, \delta) - R(\theta, \delta^*) = E\left[\frac{cX_{U(n)} + d}{\theta} + \frac{\theta}{cX_{U(n)} + d} - \frac{c^*X_{U(n)} + \frac{c^*}{c}d}{\theta} - \frac{\theta}{c^*X_{U(n)} + \frac{c^*}{c}d}\right]$$

$$= (c - c^*)\left[\frac{1}{c\theta}E(cX_{U(n)} + d) - \frac{\theta}{c^*}E\frac{1}{cX_{U(n)} + d}\right]$$

$$\geq (c - c^*)\left[\frac{1}{c\theta}E(cX_{U(n)}) - \frac{\theta}{c^*}E\frac{1}{cX_{U(n)}}\right]$$

$$= (c - c^*)\left[n - \frac{1}{c^*c(n-1)}\right]$$

$$\geq (c - c^*)\left[n - \frac{1}{c^{*2}(n-1)}\right]$$

$$= (c - c^*)\left[n - n(n-1)\frac{1}{(n-1)}\right] = 0$$

综上，定理得证。

3.5 基于记录值的比例危险率模型参数的 Bayes 收缩估计

3.5.1 比例危险率模型简介

比例危险率模型[173]作为生存分析、可靠性寿命试验以及质量控制领域中一类重要分布参数模型，其应用及相关的统计推断研究引起了众多学者的关注和研究。文献 [174] 在平方误差损失函数下给出了比例危险率模型参数的 Bayes 估计以及经验 Bayes 估计；文献 [175] 讨论了比例危险率模型参数的损失函数和风险函数的 Bayes 统计推断问题；文献 [176] 在熵损失函数下讨论了比例危险率模型参数的 Bayes 估计以及一类线性形式估计的可容许性问题；文献 [177] 基于逐步递增的 II 型截尾样本讨论了比例危险率模型参数以及生存函数和危险率函数的 Bayes 估计及经验 Bayes 估计问题。

在参数估计中，将有关未知参数的先验知识融合到参数的估计中将能改善原有的估计，如收缩估计。Thompson[178]提出了估计总体均值参数的收缩估计法：

$$\hat{\theta}_T = k\hat{\theta} + (1-k)\theta_0, \quad 0 \leq k \leq 1 \tag{3.75}$$

这里 θ_0 为参数先验值，它实际上是由专家或工程师根据以往的经验或历史数据资料给出的参数 θ 的一个估计值，$\hat{\theta}_T$ 称为 Thompson 型估计。关于收缩估计的更多的研究参见文献 [179~185]。

设随机变量 X 服从参数为 θ 的比例危险率模型，相应的概率密度函数和分布函数分别为：

$$f(x;\theta) = \theta^{-1}g(x)[G(x)]^{1/\theta - 1}, \quad -\infty \leq c < x < d \leq \infty \tag{3.76}$$

和

$$F(x;\theta) = 1 - [G(x)]^{1/\theta}, \quad -\infty \leq c < x < d \leq \infty \tag{3.77}$$

其中，$G(x)$ 为单调递减的可微函数，$g(x) = -G'(x) > 0$，且有：$G(c) = 1$，$G(d) = 0$。

本节将基于记录值样本，研究在平方误差和加权平方误差损失函数下讨论比例危险率模型 (3.76) 的参数 θ 的 Bayes 收缩估计问题。

本节将在如下两种损失函数式 (3.78) 和式 (3.79) 下研究比例危险率模型参数的 Bayes 估计问题。

(1) 平方误差损失函数：

$$L_1(\hat{\theta},\theta) = (\hat{\theta} - \theta)^2 \tag{3.78}$$

(2) 加权平方误差损失函数：

$$L_2(\hat{\theta},\theta) = \left(\frac{\hat{\theta} - \theta}{\theta}\right)^2 \tag{3.79}$$

定理 3.12 设 $X = (X_{U(1)}, \cdots, X_{U(n)})$ 为来自比率危险率模型 (3.76) 的一个记录值样本，θ 的共轭先验分布为倒伽玛分布，$T = -\ln G(X_{U(n)})$，则：

3.5 基于记录值的比例危险率模型参数的 Bayes 收缩估计

(1) 在平方误差损失函数下,参数 θ 的 Bayes 估计为:

$$\hat{\theta}_{BS} = \frac{T}{n+d-2} \tag{3.80}$$

(2) 在加权平方误差损失函数下,参数 θ 的 Bayes 估计为:

$$\hat{\theta}_{WB} = \frac{\beta + T}{n + \alpha + 1} \tag{3.81}$$

证明: 给定 $X = (X_{U(1)}, \cdots, X_{U(n)})$ 的样本观测值 $\underline{x} = (x_1, x_2, \cdots, x_n)$,参数 θ 的似然函数为[150]:

$$\begin{aligned}
l(\theta, \underline{x}) &= f(x_n; \theta) \prod_{i=1}^{n-1} \frac{f(x_i; \theta)}{1 - F(x_i; \theta)} \\
&= \theta^{-1} g(x_n) [G(x_n)]^{1/\theta - 1} \prod_{i=1}^{n-1} \frac{\theta^{-1} g(x_n) [G(x_n)]^{1/\theta - 1}}{[G(x_n)]^{1/\theta}} \\
&\propto \theta^{-n} \exp(-t/\theta)
\end{aligned}$$

其中,$t = -\ln G(x_n)$ 为 $T = -\ln G(X_{U(n)})$ 的样本观测值。

由假定 θ 的共轭先验分布为倒伽玛分布,则根据 Bayes 定理,参数 θ 的后验概率密度函数为:

$$\begin{aligned}
h(\theta \mid x) &\propto l(\theta \mid \underline{x}) \cdot \pi(\theta) \\
&\propto \theta^{-n} e^{-t/\theta} \theta^{-\alpha-1} e^{-\beta/\theta} \\
&\propto \theta^{-(n+\alpha)-1} e^{-(t+\beta)/\theta}
\end{aligned} \tag{3.82}$$

从而 θ 的后验分布为倒伽玛分布 $I\Gamma(n+\alpha, t+\beta)$。则:

(1) 在平方误差损失函数下,参数 θ 的 Bayes 估计为其后验均值,即 θ 的 Bayes 估计为:

$$\hat{\theta}_{BS} = E(\theta \mid X) = \frac{T + \beta}{n + \alpha - 1}$$

(2) 在加权平方误差损失函数下,参数 θ 的 Bayes 估计为:

$$\hat{\theta}_{WB} = \frac{E(\theta^{-1} \mid X)}{E(\theta^{-2} \mid X)}$$

而:

$$E(\theta^{-1} \mid X) = \int_0^\infty \frac{1}{\theta} \frac{T^{n+\alpha}}{\Gamma(n+\alpha)} \theta^{-(n+\alpha)-1} e^{-\frac{T}{\theta}} d\theta$$

$$= \frac{n+\alpha}{\beta + T}$$

$$E(\theta^{-2} \mid X) = \int_0^\infty \theta^{-2} \frac{T^{n+\alpha}}{\Gamma(n+\alpha)} \theta^{-(n+\alpha)-1} e^{-\frac{T}{\theta}} d\theta$$

$$= \frac{(n+\alpha)(n+\alpha-1)}{(\beta + T)^2}$$

于是：

$$\hat{\theta}_{WB} = \frac{E(\theta^{-1}|X)}{E(\theta^{-2}|X)} = \frac{(n+\alpha)/(\beta+T)}{(n+\alpha)(n+\alpha-1)/(\beta+T)^2}$$

$$= \frac{\beta+T}{n+\alpha+1}$$

引理 3.4[186] 设 $Z_i, i=1,2,\cdots,n$ 独立同分布且同服从标准指数分布，令：

$$S_i = \sum_{j=1}^{i} Z_j, \quad i=1,2,\cdots,n$$

则：

$$U_i = (S_i/S_{i+1})^i, \quad i=1,2,\cdots,n-1, U_n = S_n$$

相互独立，$U_i, i=1,2,\cdots,n-1$ 同服从 $(0,1)$ 区间上的均匀分布，U_n 服从伽玛分布 $\Gamma(n,1)$。

定理 3.13 在定理 3.12 的条件下，有 $T = -\ln G(X_{U(n)})$ 服从伽玛分布 $\Gamma(n,\theta^{-1})$，即相应的概率密度函数为：

$$h(t) = \frac{1}{\Gamma(n)\theta^n} t^{n-1} e^{-t/\theta}, \quad s > 0 \tag{3.83}$$

证明： 设 $X = (X_{U(1)},\cdots,X_{U(n)})$ 为来自比率危险率模型 (3.76) 的一个记录值样本，则易证：

$$1 - F(X_{U(1)};\theta), 1 - F(X_{U(2)};\theta), \cdots, 1 - F(X_{U(n)};\theta)$$

为来自均匀分布 $U(0,1)$ 的下记录值样本，即：

$$G(X_{U(1)})^{1/\theta}, G(X_{U(2)})^{1/\theta}, \cdots, G(X_{U(n)})^{1/\theta}$$

为来自均匀分布 $U(0,1)$ 的下记录值样本。则：

$$-\ln G(X_{U(1)})^{1/\theta}, \ln G(X_{U(1)})^{1/\theta} - \ln G(X_{U(2)})^{1/\theta}, \cdots, \ln G(X_{U(n-1)})^{1/\theta} - \ln G(X_{U(n)})^{1/\theta}$$

即：

$$-\frac{1}{\theta}\ln G(X_{U(1)}), \frac{1}{\theta}\ln G(X_{U(1)}) - \frac{1}{\theta}\ln G(X_{U(2)}), \cdots, \frac{1}{\theta}\ln G(X_{U(n-1)}) - \frac{1}{\theta}\ln G(X_{U(n)})$$

独立同服从标准指数分布 $\exp(1)$。则由引理 3.4 知：

$$U_n = -\frac{1}{\theta}\ln G(X_{U(n)}) \sim \Gamma(n,1)$$

于是：

$$T = -\ln G(X_{U(n)}) = \theta U_n \sim \Gamma(n,\theta^{-1})$$

定理证毕。

由定理 3.13 知：

$$ET = n\theta, \quad ET^2 = n(n+1)\theta^2 \tag{3.84}$$

3.5.2 参数的 Bayes 收缩估计

现假设根据已有的工程经验已知参数 θ 的先验估计值为 θ_0，本节采用如下方法确定先验分布中的超参数 α, β 值。

（1）平方误差损失函数下参数的 Bayes 收缩估计。

令 $E(\hat{\theta}_B) = \theta_0$，并由定理 3.13 得：

$$\beta = (\alpha - 1)\theta_0$$

将得到的 β 的值代入式（3.80）中，有：

$$\hat{\theta}_{SB} = \frac{nT_1}{n+\alpha-1} + \frac{\alpha-1}{n+\alpha-1}\theta_0$$
$$= k_1 T_1 + (1-k_1)\theta_0$$

其中，$k_1 = \frac{n}{n+\alpha-1}$，$\alpha > 1$，$T_1 = \frac{T}{n}$。这恰好具有式（3.75）的形式，此时把通过这种方法得到的估计称为 Bayes 收缩估计。

（2）加权平方误差损失函数下参数的 Bayes 收缩估计。

令 $E(\hat{\theta}_{WB}) = \theta_0$ 并由定理 3.13 得 $\beta = (\alpha+1)\theta_0$，将得到的 β 的值代入式（3.81）中，有：

$$\hat{\theta}_{SWB} = \frac{nT_1}{n+\alpha+1} + \frac{\alpha+1}{n+\alpha+1}\theta_0$$
$$= k_2 T_1 + (1-k_2)\theta_0$$

其中，$k_2 = \frac{n}{n+\alpha+1}$，$T_1 = \frac{T}{n}$，这也具有式（3.75）的形式，亦称为 Bayes 收缩估计。

3.5.3 实例分析

例 3.2 Proschan（1963）搜集波音 720 喷射机空调设备的运作时间 X（单位：h），资料如下：

90,10,60,186,61,49,14,24,56,20,79,84,44,59,29,118,25,156,310,76,26,44,23,62,130,208,70,101,208

首先验证上述数据可以用指数分布进行描述。这里采用 Gail 和 Gastwirth（1978）提出的 Gini 统计量来进行分布的检验，检验过程如下：

在显著性水平 $\alpha = 0.05$ 下，建立假设：

H_0：空调设备的运作时间服从单参数指数分布；

H_1：空调设备的运作时间不服从单参数指数分布。

Gini 统计量为：

$$G_n = \frac{\sum_{i=1}^{n-1} iW_{i+1}}{(n-1)\sum_{i=1}^{n} W_i}$$

其中，$W_i = (n-i+1)(X_{(i)} - X_{(i-1)})$，$i=1,2,\cdots,n$，且 $X_{(0)} = 0$。

因为 $n > 20$，统计量 $[12(n-1)]^{1/2}(G_n - 0.5)$ 的分布近似标准正态分布 $N(0,1)$，因此可计算得 p 值：

$$p = P\{|Z| > [12(n-1)]^{1/2}(G_n - 0.5)\}$$
$$= P\{|Z| > [12(29-1)]^{1/2}(0.441 - 0.5)\}$$
$$= P\{|Z| > 1.08\}$$
$$= 0.28014 > \alpha = 0.05$$

表示没有足够的理由证明零假设是错的，也就是判定波音 720 喷射机空调设备的运作时间服从单参数指数分布 $f(x;\theta) = \theta^{-1}\exp(-x/\theta)$，$x>0$，$\theta>0$，这恰是比例危险率模型的一个具体例子。

利用上述资料数据，得到的记录值样本为：90、186、310。

计算 $T = -\ln G(X_{U(n)}) = X_{U(n)}$，$T_1 = \dfrac{T}{3} = 103.3333$，参数 θ 的 Bayes 和 Bayes 收缩估计值见表 3.2。

表 3.2　不同先验分布和参数先验值 θ_0 下的参数估计值

先验参数 α 值	$\hat{\theta}_B$ ($\beta=1$)	$\hat{\theta}_{SB}$ ($\theta_0=100$)	$\hat{\theta}_{SB}$ ($\theta_0=120$)	$\hat{\theta}_{WB}$ ($\beta=1$)	$\hat{\theta}_{SWB}$ ($\theta_0=100$)	$\hat{\theta}_{SWB}$ ($\theta_0=120$)
$\alpha=0$	155.5000	105.0000	95.0000	77.7500	102.5000	107.5000
$\alpha=1.0$	103.6667	103.3333	103.3333	62.2000	102.0000	110.0000
$\alpha=2.0$	77.7500	102.5000	107.5000	51.8333	101.6667	111.6667
$\alpha=2.5$	69.1111	102.2222	108.8889	47.8462	101.5385	112.3077

从表 3.2 及大量的数值模拟试验可以得到如下结论：

（1）在 Bayes 估计受两个超参数的影响而 Bayes 收缩估计由于不但利用了参数先验值 θ_0 而且仅受一个超参数的影响，若实际得到的参数先验值 θ_0 较接近真值时，Bayes 收缩估计相对 Bayes 估计而言稳健性更好，因而推荐使用 Bayes 收缩估计方法对参数进行估计。

（2）当样本容量 n 很大时，各类估计均较接近真实值。

3.6　基于记录值的指数分布模型参数的模糊 Bayes 估计

模糊理论发展至今已有 50 余年，应用的范围非常广泛，从人工智能到决策分析都可以发现模糊理论研究的踪迹与成果。在绝大多数的工程系统中，重要的信息来源有两种：一种是来自传感器的数据信息，可以用精确数或者用区间数等模糊数表示；另一种来自专家的知识经验信息，如前面提到的某项癌症手术后的病人存活的年限"大约为 10 年"，某元件的寿命大约为"1800～2000h"等，这时采用模糊数可以更好地刻画这种经验信息。经典统计是处理数据信息的重要工具之一,但不能处理模糊数信息,这使得经典的统计在现实应用中受到极大限制。

近10年来模糊统计推断理论得到了很多学者的关注和研究。如 Hesamian 和 Shams[187]研究了模糊随机变量情形的指数分布参数的假设检验问题。Adjenughwure 和 Papadopoulos[188]提出了一种新的基于模糊估计的隶属度函数。这个隶属函数完全依赖于众所周知的统计参数,如均值、标准差和置信区间,因此参数更容易选择。这个隶属函数的另一个优点是它适合于显示随机性和模糊性的系统。此外,与其他隶属函数的参数不同,在对特定应用程序进行参数调整和优化的情况下,所提出的隶属函数的最终参数可以有有用的统计解释,并能更好地理解系统。Akbari 等[189]基于随机模糊数据,提出了回归系数的 Bootstrap 点估计和区间估计方法。Parchami 等[190]在样本数据为模糊数情形时,提出了基于 P-值的参数假设检验方法。

本节将发展基于记录值的含有三角模糊数的数据信息的基于刻度误差损失函数的指数分布参数的模糊 Bayes 估计方法。

3.6.1 模糊 Bayes 估计方法的理论基础

首先介绍 Zadeh 模糊集的概念。

定义 3.2 设 X 为一个非空集合,称 $F=\{<x,\mu_F(x)>|x\in X\}$ 为模糊集,这里 $\mu_F:X\to[0,1]$ 表示模糊集的隶属函数,其中 $\mu_F(x)$ 称为元素 $x\in X$ 的隶属度。一个模糊集 $\tilde{A}$ 的 α-截集定义为 $\tilde{A}_\alpha=\{x|\mu_{\tilde{A}}(x)\geq\alpha\}$。

定义 3.3 设 $\tilde{a}$ 是 $\mathbf{R}$ 上的模糊子集,称 $\tilde{a}$ 为模糊实数,若满足下列条件:

(1) $\tilde{a}$ 是正规凸模糊子集模糊子集;

(2) $\tilde{a}$ 的隶属函数是上半连续的;

(3) 0-截集 $\tilde{a}_0$ 在 $\mathbf{R}$ 上有界;

(4) l-截集 $\tilde{a}_1$ 为单元素集合,即:$\tilde{a}_1^L=\tilde{a}_1^U$;

(5) 对 $\forall\alpha\in[0,1]$,截集相应的函数 $g(\alpha)=\tilde{a}_\alpha^L$ 和 $h(\alpha)=\tilde{a}_\alpha^U$ 都是连续的。

引理 3.5 称 $\tilde{a}$ 为实数系统 $\mathbf{R}$ 上的凸模糊子集,当且仅当 $\tilde{a}$ 的任意 α-截集都是实数集 $\mathbf{R}$ 上的一个凸集合。

由定义 3.2 和引理 3.5 易知,$\tilde{a}$ 的任意 α-截集对应于区间 $[\tilde{a}_\alpha^L,\tilde{a}_\alpha^U]$。

引理 3.6 (Resolution Identity) 令 $\tilde{a}$ 为 $\mathbf{R}$ 上的模糊子集,且有隶属函数 $\xi_{\tilde{a}}(x)$,则:

$$\xi_{\tilde{a}}(x)=\sup_{\alpha\in[0,1]}\alpha\cdot I_{\tilde{a}}(x)$$

其中,$I_{\tilde{a}}(x)=\begin{cases}1,&x\in\tilde{a}_\alpha\\0,&x\notin\tilde{a}_\alpha\end{cases}$ 为 $\tilde{a}_\alpha$ 的特征函数。

定义 3.4 令 $\tilde{X}: \Omega \to F_R$ 是模糊值函数，若 $\tilde{X}$ 可测，那么 $\tilde{X}$ 是一个模糊随机变量，其中 F_R 为全体模糊实数集。

引理 3.7 令 $\tilde{X}: \Omega \to F_R$ 是模糊值函数，$\tilde{X}$ 是一个模糊随机变量，当且仅当，对 $\forall \alpha \in [0,1]$，$\tilde{X}_\alpha^L$ 和 $\tilde{X}_\alpha^U$ 都是普通的随机变量。

设 $\tilde{X}$ 为模糊随机变量，其概率密度函数 $f(\tilde{x}; \tilde{\theta})$ 的形式已知，参数向量 $\tilde{\theta} = (\tilde{\theta}_1, \tilde{\theta}_2, \cdots, \tilde{\theta}_l)$ 未知。其中参数 $\tilde{\theta}_i$ 为模糊实数，相应的隶属函数分别为 $\xi_{\tilde{\theta}_i}: \Theta_i \to [0,1]$，$i = 1, 2, \cdots, l$。由定义 3.2，对 $\forall \alpha \in [0,1]$，$(\tilde{\theta}_i)_\alpha^L$ 和 $(\tilde{\theta}_i)_\alpha^U$ 都属于 Θ_i；由此可讨论对 $\forall \alpha \in [0,1]$，$(\tilde{\theta}_i)_\alpha^L$ 和 $(\tilde{\theta}_i)_\alpha^U$ 的点估计问题。

由定义 3.4 及引理 3.7，对 $\forall \alpha \in [0,1]$，$\tilde{\theta}_\alpha^L$ 和 $\tilde{\theta}_\alpha^U$ 为相对应的随机变量 $\tilde{X}_\alpha^L$ 和 $\tilde{X}_\alpha^U$ 的参数，假定 $\tilde{\theta}_\alpha^L$ 和 $\tilde{\theta}_\alpha^U$ 相应的先验分布中参数为 $(\tilde{\mu}_1)_\alpha^L, \cdots, (\tilde{\mu}_m)_\alpha^L$ 和 $(\tilde{\mu}_1)_\alpha^U, \cdots, (\tilde{\mu}_m)_\alpha^U$，其中 $\tilde{\mu}_1, \cdots, \tilde{\mu}_m$ 为已知模糊实数，$\tilde{\theta}_\alpha^L$ 和 $\tilde{\theta}_\alpha^U$ 连续，对 $\forall \alpha \in [0,1]$，区间 $[\tilde{\theta}_\alpha^L, \tilde{\theta}_\alpha^U]$ 连续收缩，于是，对 $\forall \theta \in [\tilde{\theta}_\alpha^L, \tilde{\theta}_\alpha^U]$，可找到 $\beta \geq \alpha$，使得 $\theta = \tilde{\theta}_\alpha^L$ 或 $\theta = \tilde{\theta}_\alpha^U$，即找到 θ 的一个 Bayes 点估计。

令：

$$A_\alpha = [\min\{\inf_{\alpha \leq \beta \leq 1} \hat{\tilde{\theta}}_\beta^L, \inf_{\alpha \leq \beta \leq 1} \hat{\tilde{\theta}}_\beta^U\}, \max\{\sup_{\alpha \leq \beta \leq 1} \hat{\tilde{\theta}}_\beta^L, \sup_{\alpha \leq \beta \leq 1} \hat{\tilde{\theta}}_\beta^U\}] \quad (3.85)$$

显然，对 $\forall \theta \in [\tilde{\theta}_\alpha^L, \tilde{\theta}_\alpha^U]$，$A_\alpha$ 包含了所有的 Bayes 点估计。再由引理 3.6 得到参数 $\tilde{\theta}$ 的 Bayes 点估计 $\hat{\tilde{\theta}}$ 相对应的隶属度函数：

$$\xi_{\hat{\tilde{\theta}}}(\theta) = \sup_{0 \leq \alpha \leq 1} \alpha \cdot I_{A_\alpha}(\theta) \quad (3.86)$$

3.6.2 刻度平方误差损失下指数分布参数的模糊 Bayes 估计

本节将在刻度平方误差损失函数：

$$L(\hat{\theta}, \theta) = \frac{(\theta - \hat{\theta})^2}{\theta^k}$$

下讨论指数分布参数的 Bayes 估计问题，其中 k 为非负整数，且易知 $L(\hat{\theta}, \theta)$ 损失函数关于 θ 的估计量 $\hat{\theta}$ 是严格凸的，故在刻度误差损失函数下，参数 θ 的唯一的 Bayes 估计为：

$$\hat{\theta}_B = \frac{E(\theta^{1-k} | X)}{E(\theta^{-k} | X)} \quad (3.87)$$

定理 3.14 设总体 X 服从指数分布

$$f(x_i; \theta) = \theta e^{-\theta x}, \quad x > 0$$

设 $X = (X_{U(1)}, \cdots, X_{U(n)})$ 为来自指数分布（3.58）的一个上记录值样本，$x_1, x_2, \cdots, x_n$ 是 $X = (X_{U(1)}, \cdots, X_{U(n)})$ 的样本观察值，$t = x_n$ 为 $T = X_{U(n)}$ 的样本观测值，设参数 θ 的先验分布取共轭伽玛先验分布 $\Gamma(a, b)$O，则在刻度平方误差损失函数下，参数 θ 的 Bayes 估计为：

3.6 基于记录值的指数分布模型参数的模糊 Bayes 估计

$$\hat{\theta} = \frac{n+a-k}{b+T} \quad (3.88)$$

证明： 假设观察到来自指数分布的 n 个上记录值为 $X_{U(1)} = x_1, X_{U(2)} = x_2, \cdots, X_{U(n)} = x_n$，给定样本观测值 $x = (x_1, x_2, \cdots, x_n)$，得到参数 θ 的似然函数：

$$l(x;\theta) = \theta^n \mathrm{e}^{-\theta x_n}$$

则求解对数似然方程易得 θ 的最大似然估计为：

$$\hat{\theta} = \frac{n}{T}$$

由 Bayes 定理，易得参数 θ 的后验概率密度函数为：

$$\begin{aligned}
h(\theta|x) &\propto l(\theta;x) \cdot \pi(\theta) \\
&\propto \theta^n \mathrm{e}^{-\theta t} \cdot \frac{b^a}{\Gamma(a)} \theta^{a-1} \mathrm{e}^{-b\theta} \\
&\propto \theta^{n+a-1} \mathrm{e}^{-(b+t)\theta}
\end{aligned}$$

于是参数 θ 的后验分布为伽玛分布 $\Gamma(n+a, b+T)$，即：

$$h(\theta|x) = \frac{(b+t)^{n+a}}{\Gamma(n+a)} \theta^{(n+a)-1} \mathrm{e}^{-(b+t)\theta}$$

则有：

$$\begin{aligned}
E(\theta^{1-k}|X) &= \int_0^\infty \theta^{1-k} h(\theta|X) \mathrm{d}\theta \\
&= \int_0^\infty \theta^{1-k} \frac{(b+T)^{n+a}}{\Gamma(n+a)} \theta^{(n+a)-1} \mathrm{e}^{-(b+T)\theta} \mathrm{d}\theta \\
&= \frac{(b+T)^{n+a}}{\Gamma(n+a)} \cdot \frac{\Gamma(n+a+1-k)}{(b+T)^{n+a+1-k}}
\end{aligned}$$

$$\begin{aligned}
E(\theta^{-k}|X) &= \int_0^\infty \theta^{-k} h(\theta|X) \mathrm{d}\theta \\
&= \int_0^\infty \theta^{-k} \frac{(b+T)^{n+a}}{\Gamma(n+a)} \theta^{(n+a)-1} \mathrm{e}^{-(b+T)\theta} \mathrm{d}\theta \\
&= \frac{(b+T)^{n+a}}{\Gamma(n+a)} \cdot \frac{\Gamma(n+a-k)}{(b+T)^{n+a-k}}
\end{aligned}$$

从而有：

$$\begin{aligned}
\hat{\theta} &= \frac{E(\theta^{1-k}|X)}{E(\theta^{-k}|X)} \\
&= \frac{\Gamma(n+a+1-k)}{(b+T)^{n+a+1-k}} \Big/ \frac{\Gamma(n+a-k)}{(b+T)^{n+a-k}} \\
&= \frac{n+a-k}{b+T}
\end{aligned}$$

本节假设参数 θ 为模糊实数 $\tilde{\theta}$，其先验分布中的参数为 a 和 b，假定模糊实数 $\tilde{a}_\alpha = [\tilde{a}_\alpha^L, \tilde{a}_\alpha^U]$ 和 $\tilde{b}_\alpha = [\tilde{b}_\alpha^L, \tilde{b}_\alpha^U]$，则对 $\forall \alpha \in [0,1]$，有：

$$\hat{\tilde{\theta}}_\alpha^L = \frac{n + \tilde{a}_\alpha^L - k}{\tilde{b}_\alpha^U + T}, \qquad \hat{\tilde{\theta}}_\alpha^U = \frac{n + \tilde{a}_\alpha^U - k}{\tilde{b}_\alpha^L + T}$$

本节将提供一些计算技术来计算模糊 Bayes 点估计的隶属度函数。

令：
$$A_\alpha = [g(\alpha), h(\alpha)] = [\min\{g_1(\alpha), g_2(\alpha)\}, \max\{h_1(\alpha), h_2(\alpha)\}] \quad (3.89)$$

其中
$$g_1(\alpha) = \inf_{\alpha \leq \beta \leq 1} \hat{\tilde{\theta}}_\beta^L, \qquad g_2(\alpha) = \inf_{\alpha \leq \beta \leq 1} \hat{\tilde{\theta}}_\beta^U,$$
$$h_1(\alpha) = \sup_{\alpha \leq \beta \leq 1} \hat{\tilde{\theta}}_\beta^L, \qquad h_2(\alpha) = \sup_{\alpha \leq \beta \leq 1} \hat{\tilde{\theta}}_\beta^U$$

再由引理 3.6 得到参数 $\tilde{\theta}$ 的 Bayes 点估计 $\hat{\tilde{\theta}}$ 相对应的隶属度函数为：
$$\xi_{\hat{\tilde{\theta}}}(\theta) = \sup_{0 \leq \alpha \leq 1} \alpha \cdot I_{A_\alpha}(\theta) = \sup\{\alpha \mid g(\alpha) \leq \theta \leq h(\alpha), 0 \leq \alpha \leq 1\}$$

则可以建立如下的优化模型：
$$\max \quad \alpha$$
$$\text{s.t.} \begin{cases} \min\{g_1(\alpha), g_2(\alpha)\} \leq \theta \\ \max\{h_1(\alpha), h_2(\alpha)\} \geq \theta \\ 0 \leq \alpha \leq 1 \end{cases} \quad (3.90)$$

通过求解该模型，就可以利用引理 3.2 求得参数 θ 的 Bayes 估计的隶属度函数。

3.6.3 算例分析

假设从某元件寿命资料库中查询到 10 个上记录值数据，但是由于一些意想不到的情况，得到的最大的记录值，也就是第 10 个数据的测试时间大约是 160000h，即 $\tilde{t}_5 = 160000$。考虑到先验伽玛分布，超参数 a、b 可以认为是伪故障和伪测试时间。从过去的测试和经验来看，10 个元件被放置在测试中，观察到的测试时间是"大约"30 万小时后 10 个元件全部失效。因此，先验分布取 $a = 10$，$\tilde{b} = 300000_F$。假设 $\tilde{t}_5 = 160000_F = (150000, 160000, 170000)$ 和 $\tilde{b} = (280000, 300000, 320000)$ 是两个三角形模糊实数。因此它们的 α-截集分别为：
$$\tilde{t}_5 = [(\tilde{t}_5)_\alpha^L, (\tilde{t}_5)_\alpha^U] = [150000 + 10000\alpha, 170000 - 10000\alpha]$$
$$\tilde{b} = [(\tilde{b})_\alpha^L, (\tilde{b})_\alpha^U] = [280000 + 20000\alpha, 320000 - 20000\alpha]$$

根据前面的讨论，在刻度误差损失函数 ($k = 1$) 下，参数 θ 的 Bayes 点估计值为：
$$\hat{\tilde{\theta}}_\alpha^L = \frac{5 + 10}{280000 + 20000\alpha + 150000 + 10000\alpha} = \frac{15}{430000 + 30000\alpha}$$
$$\hat{\tilde{\theta}}_\alpha^U = \frac{5 + 10}{320000 - 20000\alpha + 170000 - 10000\alpha} = \frac{15}{490000 - 30000\alpha}$$

于是有：

$$A_\alpha = [\hat{\hat{\theta}}_\alpha^U, \hat{\hat{\theta}}_\alpha^L] = \left[\frac{15}{490000 - 30000\alpha}, \frac{15}{430000 + 30000\alpha}\right]$$

则模型（3.90）变为：

$$\max \alpha$$
$$\text{s.t.} \begin{cases} \dfrac{15}{490000 - 30000\alpha} \leq r \\ \dfrac{15}{430000 + 30000\alpha} \geq r \\ 0 \leq \alpha \leq 1 \end{cases}$$

如果取 $\alpha = 0$，能够得到非模糊情形参数的 Bayes 估计 $\hat{\theta} = \dfrac{15}{460000}$，因为 $A_0 = \left[\dfrac{15}{430000}, \dfrac{15}{490000}\right]$，我们认为失效率 $\theta \in A_0$ 是符合工程实际的，于是模型（3.90）求解隶属函数变成了如下两种情形：

（1）当 $\theta < \dfrac{15}{460000}$ 时，有：

$$\xi_{\hat{\theta}}(\theta) = \sup\left\{\alpha \in [0,1] : \hat{\hat{\theta}}_\alpha^U = \frac{15}{490000 - 30000\alpha} \leq \theta\right\} = \frac{490000\theta - 15}{30000\theta}$$

（2）当 $\theta > \dfrac{15}{460000}$ 时，有：

$$\xi_{\hat{\theta}}(\theta) = \sup\left\{\alpha \in [0,1] : \hat{\hat{\theta}}_\alpha^U = \frac{15}{430000 + 30000\alpha} \geq \theta\right\} = \frac{15 - 430000\theta}{30000\theta}$$

因此，根据上述模型可以得到失效率参数 θ 的任意 Bayes 点估计的隶属度函数。此外也可以得到参数 θ 的 α-截集，即 α-水平区间 A_α。如果 $A_\alpha = [3.2503 \times 10^{-5}, 3.2714 \times 10^{-5}]$，在此这种情形下，类似于经典统计置信区间的定义，也可以说参数 θ 的置信水平为 0.95 的置信区间 $A_\alpha = [3.2503 \times 10^{-5}, 3.2714 \times 10^{-5}]$。

3.7 本章小结

本章基于记录值样本数据，研究了几类可靠性分布模型参数的 Bayes 统计推断问题。本章的主要工作和创新有：

（1）针对来自几何分布的记录值样本，在刻度平方误差损失函数下研究了可靠度参数的 Bayes 估计问题。在对称熵损失函数下，研究指数分布未知参数 θ 的 Bayes 估计并进一步讨论了线性形式估计的可容许性。

（2）在记录值样本下研究了比率危险率模型参数的 Bayes 估计问题，并提出了 Bayes 收缩估计法。新的估计方法可以较好地利用专家经验和知识，更好地改善估计的结果。

(3) 在平方误差损失函数下讨论了基于记录值样本的广义 Pareto 分布参数的损失函数和风险函数的 Bayes 估计问题，并探讨得到的 Bayes 估计为保守性估计的条件；在参数的先验分布为无信息 Quasi 先验分布下，分别研究了平方误差损失、LINEX 损失和熵损失函数下广义 Pareto 分布参数的 Bayes 估计及 Minimax 估计问题。

(4) 基于记录值样本探讨指数分布模型参数的模糊 Bayes 估计问题。在刻度误差损失函数下考虑了指数分布失效率参数的模糊 Bayes 估计问题，并求得了参数的 Bayes 估计和构建了求解 Bayes 估计隶属度的最优化模型。

4 基于记录值的寿命绩效指标的统计推断研究

4.1 寿命绩效指标 C_L

在高科技等产业中,产品的寿命往往是人们关注的重点,主要是因为现代产品越来越精密和复杂,在选购产品时,人们都希望对所选购产品的使用寿命能有所保障。而制造商为了增加产品的竞争力与提高消费者对产品的爱好程度,需要比以往更为重视产品的品质改进以及可靠度的评估和改善等工作。在众多对产品评估的绩效方法中,过程能力指标(process capability indices)是一个有效且方便的品质绩效评估工具,它作为企业最广泛使用的统计过程控制工具之一,在促进质量保证、降低成本以及提高顾客满意度等方面发挥着巨大作用[113~118]。一般而言,过程能力指标是一个有效且方便的质量性能检测工具,为了达到消费者的要求,厂商必须先要自我提高要求,这样一来在消费者购买任何的产品后,消费者买到有故障或容易出现故障的产品的机率大为降低,并且大幅减少被退货的可能性。

过程能力指标近年来已被广泛使用在过程能力与产品寿命绩效的数值测量上,其目的在于了解过程是否达到规格和品质的要求,进而改善制造过程。目前,有许多过程能力指数被用来评估过程的能力。下面介绍几种当前最常用的过程能力指数。

最早由 Juran(1974)提出的第一个过程能力指标为:

$$C_P = \frac{USL - LSL}{6\sigma} \tag{4.1}$$

式中,USL 和 LSL 分别为过程的规格上限和规格下限;σ 是过程的标准差。

但因为 C_P 未能考虑过程平均值是否偏离规格中心,因此为了改善 C_P 指标的缺点,Kane(1986)提出了过程能力指标 C_{pk},其定义如下:

$$C_{pk} = \frac{d - |\mu - M|}{3\sigma} = \frac{\min\{USL - \mu, \mu - LSL\}}{3\sigma} \tag{4.2}$$

式中,μ 是过程均值。

Boyles(1991)发现 C_P 和 C_{pk} 这两个指标没有考虑到过程平均值偏离目标 T 所带来的影响。于是根据 Chan 等(1988)提出的田口损失函数的概念,提出了一类新的过程能力指标:

$$C_{\text{pm}} = \frac{d}{6\sqrt{\sigma^2 + (\mu - T)^2}} = \frac{d}{6\sqrt{E[(X - T)^2]}} \tag{4.3}$$

当过程平均偏离了目标值时,则过程会有一个平方损失,所以过程指标 C_{pm} 更适用于各种不同规格界限的情况。此外,Pearn 等 (1992) 结合了 C_{pk} 和 C_{pm} 的观点,依据规格上下界与目标值的非对称性提出了 C_{pmk} 指标,其定义如下:

$$C_{\text{pmk}} = \min\left\{ \frac{\text{USL} - \mu}{3\sqrt{\sigma^2 + (\mu - T)^2}}, \frac{\mu - \text{LSL}}{3\sqrt{\sigma^2 + (\mu - T)^2}} \right\} \tag{4.4}$$

以上四个过程能力指标都是评估在双边规格下具有望目型品质特性 (the target-the-best type quality qharacteristic) 的过程能力指标。

Montgomery (1985) 针对一般产品质量特性提出了三种型态:

(1) 物理性:长度、重量、电压、黏性等;
(2) 感官性:鉴赏力,外表、颜色等;
(3) 时效性:可靠度、持久度、耐久度等。

依质量特性的规格其又可分为:

(1) 望大型质量特性 (the larger-the-better type quality characteristic);
(2) 望小型质量特性 (the smaller-the-better type quality characteristic);
(3) 望目型质量特性 (the target-the-best type quality characteristic)。

Kane (1986) 使用的 C_{p} 与 C_{pk} 以及后来 Chan 等 (1988) 与 Pearn 等 (1992) 提出的 C_{pm} 和 C_{pmk} 等四个指标均是评估具有望目型质量特性产品的过程能力指标。其他还有一些评估望目型质量特性的过程能力指标 (包括非对称规格),但基本上都是从上述四个基本的指标修正而来。

另外,为了展现出产品更优良的质量特性,如持久性、耐用性、噪声、检测时间等,Kane (1986) 与 Montgomery (1985) 提出了 C_L、C_{PL} 和 C_{PU} 等过程能力指标,其中 C_{PU} 是望小型过程能力指标,C_L 和 C_{PL} 是望大型过程能力指标。由于本章探讨的是产品的寿命,所以采用望大型的质量特性的制程能力指标来当作产品的寿命绩效指标 C_L。

对于与产品寿命相关的产品,一般来说,顾客都希望产品的寿命越长越好,而且产品的寿命越长则表示其品质越好,所以产品寿命的品质特征是属于望大型 (the larger-the-better type) 的。于是 Montgomery (1985) 提出使用一种特殊的单边规格过程能力指标[123]

$$C_L = \frac{\mu - L}{\sigma} \tag{4.5}$$

来衡量产品的寿命绩效,其中 L 是规格下界。由于 C_L 用来评估产品寿命绩效,故常被称为寿命绩效指标。近年来,在产品寿命服从不同分布的寿命绩效指标 C_L 得到了众多学者的关注和研究。

本章将研究产品寿命服从指数分布和广义指数分布的产品寿命绩效指标的统计推断问题。

4.2 指数分布产品寿命绩效指标的统计推断

4.2.1 寿命绩效指标的最小方差无偏估计量

一般来说，产品寿命的真实寿命绩效指标值通常是未知的，常需要利用寿命试验资料来估计它。在产品寿命检测的实验中，有时搜集到的是产品失效时间的记录值资料，因此，本节将利用上记录值样本来推导出寿命绩效指标的最小方差无偏估计量。

假设某产品寿命服从参数为 λ 的单参数指数分布，具有如下的概率密度函数形式：

$$f(x;\theta) = \frac{1}{\theta} e^{-\frac{1}{\theta}x}, \qquad x > 0 \tag{4.6}$$

其中 $\theta > 0$ 为未知尺度参数。

假设观察到前 $n+1$ 个产品寿命的上记录值样本为 $R_0, R_1, R_2, \cdots, R_n$，则 $R_0, R_1, R_2, \cdots, R_n$ 的联合概率密度函数为：

$$f_{R_0,R_1,\cdots,R_n}(r_0, r_1, \cdots, r_n) = \frac{1}{\theta} e^{-\frac{r_n}{\theta}} \prod_{i=0}^{n-1} \frac{\frac{1}{\theta} e^{-\frac{r_i}{\theta}}}{e^{-\frac{r_i}{\theta}}} = \frac{1}{\theta^{n+1}} e^{-\frac{r_n}{\theta}}$$

$$0 \leq r_0 < r_1 < \cdots < r_n < \infty \tag{4.7}$$

于是参数 θ 的似然函数为：

$$L(\theta) = \frac{1}{\theta^{n+1}} e^{-\frac{r_n}{\theta}} \tag{4.8}$$

相应地，对数似然函数为：

$$\log L(\theta) = -(n+1)\log\theta - \frac{r_n}{\theta}$$

令：

$$\frac{\mathrm{d}\log L(\theta)}{\mathrm{d}\theta} = 0$$

即：

$$-\frac{n+1}{\theta} + \frac{r_n}{\theta^2} = 0$$

解得参数 θ 的最大似然估计量为：

$$\hat{\theta} = \frac{R_n}{n+1} \tag{4.9}$$

因为 $R_0/\theta, (R_1-R_0)/\theta, \cdots, (R_n-R_{n-1})/\theta$ 为服从标准指数分布 $\exp(1)$ 且为

相互独立的随机变量序列，则 R_n/θ 服从伽玛分布 $\Gamma(n+1,1)$，故由伽玛分布的性质可知最大似然估计 $\hat{\theta}$ 是尺度参数 θ 的无偏估计量。

另外，由似然函数 $L(\theta)$ 可知 $\hat{\theta}$ 也是完备充分统计量，因此，利用 Lehmann-Scheffé 定理知，$\hat{\theta}_U = R_n/(n+1)$ 为尺度参数 θ 的最小方差无偏估计量。

因为产品的平均寿命为 θ，所以利用 $\hat{\theta}_U$ 估计 θ，由式（4.5）得 C_L 的估计量 $\hat{C}_L$ 如下：

$$\hat{C}_L = 1 - \frac{L}{\hat{\theta}} = 1 - \frac{L}{\frac{R_n}{n+1}} = 1 - \frac{(n+1)L}{R_n}$$

但是估计量 $\hat{C}_L$ 并不是寿命绩效指标 C_L 的无偏估计量，即 $E(\hat{C}_L) \neq C_L$。事实上，令：

$$\begin{cases} Z_0 = R_0 \\ Z_i = R_i - R_{i-1}, \quad i = 1, 2, \cdots, n \end{cases}$$

则：

$$\begin{cases} R_0 = Z_0 \\ R_i = Z_0 + Z_1 + Z_2 + \cdots + Z_i, \quad i = 1, 2, \cdots, n \end{cases}$$

于是雅克比行列式为：

$$J = \begin{vmatrix} \frac{\partial R_0}{\partial Z_0} & \frac{\partial R_0}{\partial Z_1} & \cdots & \frac{\partial R_0}{\partial Z_n} \\ \frac{\partial R_1}{\partial Z_0} & \frac{\partial R_1}{\partial Z_1} & \cdots & \frac{\partial R_1}{\partial Z_n} \\ \vdots & \vdots & & \vdots \\ \frac{\partial R_n}{\partial Z_0} & \frac{\partial R_n}{\partial Z_1} & \cdots & \frac{\partial R_n}{\partial Z_n} \end{vmatrix} = \begin{vmatrix} 1 & 0 & \cdots & 0 \\ 1 & 1 & \cdots & 0 \\ \vdots & \vdots & & \vdots \\ 1 & 1 & \cdots & 1 \end{vmatrix} = 1$$

因为 $R_0, R_1, R_2, \cdots, R_n$ 的联合概率密度函数为：

$$f_{R_0,R_1,\cdots,R_n}(r_0, r_1, \cdots, r_n) = \prod_{i=1}^{n} \frac{1}{\theta} e^{-\frac{r_i}{\theta}} \Big/ \prod_{i=1}^{n-1} e^{-\frac{r_i}{\theta}} = \frac{1}{\theta^{n+1}} e^{-\frac{r_n}{\theta}}$$

$$0 \leq r_0 < r_1 < \cdots < r_n < \infty$$

利用变换法，可以得到 $Z_0, Z_1, Z_2, \cdots, Z_n$ 的联合概率密度函数为：

$$f_{Z_0,Z_1,\cdots,Z_n}(Z_0, Z_1, \cdots, Z_n) = \frac{1}{\theta^{n+1}} e^{-\frac{Z_0 + Z_1 + \cdots + Z_n}{\theta}} |J|$$

$$= \frac{1}{\theta} e^{-\frac{Z_0}{\theta}} \frac{1}{\theta} e^{-\frac{Z_1}{\theta}} \cdots \frac{1}{\theta} e^{-\frac{Z_n}{\theta}}$$

$$0 < Z_i < \infty, i = 0, 1, 2, \cdots, n$$

故由上述结果可知，$Z_0, Z_1, Z_2, \cdots, Z_n$ 彼此相互独立且都服从单参数指数分布

$\exp(\theta)$。亦即 $Z_i/\lambda \sim \exp(1)$,$(i=0,1,2,\cdots,n)$。

由上述结果可知,$R_0/\theta,(R_1-R_0)/\theta,\cdots,(R_n-R_{n-1})/\theta$ 是彼此独立且具有标准指数分布 $\exp(1)$ 的随机变量。

令:

$$Z = \frac{R_n}{\theta} = \sum_{i=0}^{n} \frac{Z_i}{\theta}$$

则:

$$\frac{R_n}{\theta} \sim \Gamma(n+1,1)$$

即:

$$2\frac{R_n}{\theta} \sim \chi^2_{2(n+1)}$$

故:

$$E\left(\frac{1}{R_n/\theta}\right) = E\left(\frac{1}{Z}\right)$$

$$= \int_0^\infty z^{-1} \frac{1}{\Gamma(n+1)} z^n e^{-z} dz$$

$$= \int_0^\infty \frac{1}{\Gamma(n+1)} z^{n-1} e^{-z} dz$$

$$= \frac{\Gamma(n)}{\Gamma(n+1)} = \frac{\Gamma(n)}{n\Gamma(n)} = \frac{1}{n}$$

与:

$$\mathrm{Var}\left(\frac{1}{R_n/\theta}\right) = E\left(\frac{1}{R_n/\theta}\right)^2 - \left\{E\left(\frac{1}{R_n/\theta}\right)\right\}^2$$

$$= \int_0^\infty \frac{1}{z^2} \frac{1}{\Gamma(n+1)} z^n e^{-z} dz - \left(\frac{1}{n}\right)^2 \quad (4.10)$$

$$= \frac{1}{n(n-1)} - \left(\frac{1}{n}\right)^2 = \frac{1}{n^2(n-1)}$$

于是 $\hat{C}_L$ 的期望为:

$$E(\hat{C}_L) = E\left[1 - \frac{(n+1)L}{R_n}\right]$$

$$= 1 - (n+1)LE\left(\frac{1}{R_n}\right) = 1 - \frac{(n+1)L}{\theta} E\left(\frac{1}{R_n/\theta}\right)$$

$$= 1 - \frac{(n+1)L}{\theta} \frac{1}{n} = 1 - \frac{(n+1)}{n} \frac{L}{\theta}$$

$$\neq 1 - \frac{L}{\theta} = C_L$$

故 $\hat{C}_L$ 不是 C_L 的无偏估计量。

令：
$$\hat{C}'_L = 1 - \frac{nL}{R_n} \tag{4.11}$$

则：
$$\begin{aligned}
E(\hat{C}'_L) &= E\left(1 - \frac{nL}{R_n}\right) \\
&= 1 - nL\left(\frac{1}{R_n}\right) \\
&= 1 - \frac{nL}{\theta}\left(\frac{1}{R_n/\theta}\right) \\
&= 1 - \frac{nL}{\theta}\frac{1}{n} = C_L
\end{aligned} \tag{4.12}$$

由上述结果可知，估计量 $\hat{C}'_L$ 是寿命绩效指标 C_L 的不偏估计量。又因为 $\hat{C}'_L$ 不仅是 C_L 的不偏估计量，同时也是尺度参数 θ 之完备充分统计量 $\hat{\theta} = \frac{R_n}{n+1}$ 所构成的函数，故依据 Lehmann-Scheffé 定理（1950），知 $\hat{C}'_L$ 为 C_L 的最小方差无偏估计量。

此外，估计量 $\hat{C}_L$ 与无偏估计量 $\hat{C}'_L$ 都是 C_L 的一致估计量。事实上，因为 $\hat{C}'_L$ 是 C_L 的无偏估计量，故：
$$E(\hat{C}'_L) - C_L = 0$$

且由式（4.12）知：
$$\begin{aligned}
\mathrm{Var}(\hat{C}'_L) &= \mathrm{Var}\left(1 - \frac{nL}{\theta}\right) \\
&= (nL)^2 \mathrm{Var}\left(\frac{1}{R_n}\right) \\
&= \left(\frac{nL}{\theta}\right)^2 \mathrm{Var}\left(\frac{1}{R_n/\theta}\right) \\
&= \left(\frac{nL}{\theta}\right)^2 \frac{1}{n^2(n-1)} = \frac{1}{n-1}\left(\frac{L}{\theta}\right)^2
\end{aligned}$$

因此，$\lim_{n \to \infty} \mathrm{Var}(\hat{C}'_L) = 0$。

又由于：
$$\begin{aligned}
E(\hat{C}'_L - C_L)^2 &= E[\{\hat{C}'_L - E(\hat{C}'_L)\} + \{E(\hat{C}'_L) - C_L\}]^2 \\
&= E[\hat{C}'_L - E(\hat{C}'_L)]^2 = \mathrm{Var}(\hat{C}'_L)
\end{aligned}$$

于是：
$$\lim_{n \to \infty} E(\hat{C}'_L - C_L)^2 = \lim_{n \to \infty} \mathrm{Var}(\hat{C}'_L) = 0$$

由切比雪夫不等式，知：

$$P(|\hat{C}'_L - C_L| \geq \varepsilon) \leq \frac{E(\hat{C}'_L - C_L)^2}{\varepsilon^2}, \quad \forall \varepsilon > 0$$

从而：

$$0 \leq \lim_{n \to \infty} P(|\hat{C}'_L - C_L| \geq \varepsilon) \leq \lim_{n \to \infty} \frac{E(\hat{C}'_L - C_L)^2}{\varepsilon^2} = \frac{0}{\varepsilon^2} = 0$$

因而：

$$\lim_{n \to \infty} P(|\hat{C}'_L - C_L| \geq \varepsilon) = 0, \quad \forall \varepsilon > 0$$

故得证 $\hat{C}'_L$ 是 C_L 的一致估计量。同理可证，$\hat{C}_L$ 也是 C_L 的一致估计量。

由于寿命绩效指标 C_L 的最小方差无偏估计量 $\hat{C}'_L$ 不但具有无偏性与一致性，同时也是方差最小的估计量，因此，$\hat{C}'_L$ 是一个适合用来估计 C_L 的估计量。

4.2.2 基于最小方差无偏估计的 C_L 的假设检验与区间估计

本节将利用上一节所求得的寿命绩效指标的最小方差无偏估计量 $\hat{C}'_L$ 为检验统计量，针对寿命绩效指标 C_L 来进行假设检验与区间估计的推导。下面先介绍一下寿命绩效指标 C_L 的统计假设检验及建立 C_L 的置信区间的方法。

假设对某产品的供货商所要求的寿命绩效指标的目标值为 c，为评估该产品寿命绩效指标是否达到厂商所要求的水平，建立如下假设：

零假设 $H_0: C_L \leq c$ 和备择假设 $H_1: C_L > c$

若以 $\hat{C}'_L$ 为检验统计量，则拒绝域为 $\{\hat{C}'_L > C_0\}$，其中 C_0 与上记录值样本数 $n+1$ 的大小、目标值 c 及显著水平 α 有关。在给定显著水平为 α 的要求下，临界值 C_0 的值可以根据如下推理进行计算：

$$\sup_{\{C_L \leq c\}} P(\hat{C}'_L > C_0) \leq \alpha$$

$$\Rightarrow P(\hat{C}'_L > C_0 \mid C_L \leq c) \leq \alpha$$

$$\Rightarrow P\left\{1 - \frac{nL}{R_n} > C_0 \mid C_L \leq c\right\} \leq \alpha$$

$$\Rightarrow P\left\{R_n > \frac{nL}{1-C_0} \mid \frac{L}{\theta} \geq 1-c\right\} \leq \alpha \quad (4.13)$$

$$\Rightarrow P\left\{\frac{R_n}{\theta} > \frac{nL}{(1-C_0)\theta} \mid \frac{L}{\theta} \geq 1-c\right\} \leq \alpha$$

$$\Rightarrow P\left\{\frac{R_n}{\theta} > \frac{n(1-c)}{1-C_0}\right\} = \alpha$$

$$\Rightarrow P\left\{2\frac{R_n}{\theta} \leq \frac{2n(1-c)}{1-C_0}\right\} = 1-\alpha$$

易证：

$$2R_n/\theta \sim \chi^2_{2(n+1)}$$

由式（4.13），应用自由度为 $2(n+1)$ 的卡方分布，以符号 $\chi^2_{\alpha,2(n+1)}$ 表示卡方分布 $\chi^2_{2(n+1)}$ 的下 $(1-\alpha)$ 分位数，则：

$$\frac{2n(1-c)}{1-C_0} = \chi^2_{\alpha,2(n+1)}$$

因此临界值为：

$$C_0 = C_0(\alpha,n,c) = 1 - \frac{2n(1-c)}{\chi^2_{\alpha,2(n+1)}} \tag{4.14}$$

式中，α、$n+1$ 和 c 分别表示给定的显著性水平、上记录值的观察个数和目标值。

于是可以根据式（4.14），在显著水平 $\alpha = 0.01, 0.05$；$n = 1, 2, \cdots, 30$ 及 $c = 0.1, 0.2, \cdots, 0.9$ 的组合下，求得临界值 C_0，见表4.1与表4.2。

表 4.1 $\alpha = 0.01$ 时，基于记录值的单参数指数分布的临界值 C_0

n \ c	不同的 c 的取值对应的临界值 C_0								
	0.1	0.2	0.3	0.4	0.5	0.6	0.7	0.8	0.9
1	0.8644	0.8795	0.8946	0.9096	0.9247	0.9397	0.9548	0.9699	0.9849
2	0.7859	0.8097	0.8335	0.8572	0.8810	0.9048	0.9286	0.9524	0.9762
3	0.7312	0.7611	0.7909	0.8208	0.8507	0.8805	0.9104	0.9403	0.9701
4	0.6898	0.7242	0.7587	0.7932	0.8277	0.8621	0.8966	0.9311	0.9655
5	0.6567	0.6949	0.7330	0.7711	0.8093	0.8474	0.8856	0.9237	0.9619
6	0.6294	0.6706	0.7117	0.7529	0.7941	0.8353	0.8765	0.9176	0.9588
7	0.6062	0.6500	0.6937	0.7375	0.7812	0.8250	0.8687	0.9125	0.9562
8	0.5863	0.6322	0.6782	0.7242	0.7701	0.8161	0.8621	0.9081	0.9540
9	0.5688	0.6167	0.6646	0.7125	0.7604	0.8083	0.8563	0.9042	0.9521
10	0.5532	0.6029	0.6525	0.7022	0.7518	0.8014	0.8511	0.9007	0.9504
11	0.5393	0.5905	0.6417	0.6929	0.7441	0.7953	0.8464	0.8976	0.9488
12	0.5267	0.5793	0.6319	0.6845	0.7371	0.7897	0.8422	0.8948	0.9474
13	0.5153	0.5692	0.6230	0.6769	0.7307	0.7846	0.8384	0.8923	0.9461
14	0.5048	0.5599	0.6149	0.6699	0.7249	0.7799	0.8349	0.8900	0.9450
15	0.4952	0.5513	0.6074	0.6635	0.7196	0.7756	0.8317	0.8878	0.9439
16	0.4863	0.5434	0.6004	0.6575	0.7146	0.7717	0.8288	0.8858	0.9429
17	0.4780	0.5360	0.5940	0.6520	0.7100	0.7680	0.8260	0.8840	0.9420
18	0.4703	0.5291	0.5880	0.6468	0.7057	0.7646	0.8234	0.8823	0.9411

续表 4.1

c \ n	0.1	0.2	0.3	0.4	0.5	0.6	0.7	0.8	0.9
19	0.4630	0.5227	0.5824	0.6420	0.7017	0.7613	0.8210	0.8807	0.9403
20	0.4562	0.5167	0.5771	0.6375	0.6979	0.7583	0.8187	0.8792	0.9396
21	0.4499	0.5110	0.5721	0.6332	0.6944	0.7555	0.8166	0.8777	0.9389
22	0.4438	0.5056	0.5674	0.6292	0.6910	0.7528	0.8146	0.8764	0.9382
23	0.4381	0.5006	0.5630	0.6254	0.6879	0.7503	0.8127	0.8751	0.9376
24	0.4327	0.4958	0.5588	0.6218	0.6848	0.7479	0.8109	0.8739	0.9370
25	0.4276	0.4912	0.5548	0.6184	0.6820	0.7456	0.8092	0.8728	0.9364
26	0.4227	0.4869	0.5510	0.6151	0.6793	0.7434	0.8076	0.8717	0.9359
27	0.4181	0.4827	0.5474	0.6120	0.6767	0.7414	0.8060	0.8707	0.9353
28	0.4136	0.4788	0.5439	0.6091	0.6742	0.7394	0.8045	0.8697	0.9348
29	0.4094	0.4750	0.5406	0.6062	0.6719	0.7375	0.8031	0.8687	0.9344
30	0.4053	0.4714	0.5375	0.6035	0.6696	0.7357	0.8018	0.8678	0.9339

表 4.2 $\alpha = 0.05$ 时，基于记录值的单参数指数分布的临界值 C_0

c \ n	0.1	0.2	0.3	0.4	0.5	0.6	0.7	0.8	0.9
1	0.8103	0.8314	0.8524	0.8735	0.8946	0.9157	0.9368	0.9578	0.9789
2	0.7141	0.7459	0.7776	0.8094	0.8412	0.8729	0.9047	0.9365	0.9682
3	0.6518	0.6905	0.7292	0.7679	0.8065	0.8452	0.8839	0.9226	0.9613
4	0.6067	0.6504	0.6941	0.7378	0.7815	0.8252	0.8689	0.9126	0.9563
5	0.5720	0.6195	0.6671	0.7146	0.7622	0.8098	0.8573	0.9049	0.9524
6	0.5440	0.5947	0.6453	0.6960	0.7467	0.7973	0.8480	0.8987	0.9493
7	0.5208	0.5741	0.6273	0.6806	0.7338	0.7870	0.8403	0.8935	0.9468
8	0.5012	0.5566	0.6120	0.6675	0.7229	0.7783	0.8337	0.8892	0.9446
9	0.4842	0.5416	0.5989	0.6562	0.7135	0.7708	0.8281	0.8854	0.9427
10	0.4694	0.5284	0.5873	0.6463	0.7052	0.7642	0.8231	0.8821	0.9410
11	0.4563	0.5167	0.5771	0.6375	0.6979	0.7583	0.8188	0.8792	0.9396
12	0.4445	0.5062	0.5680	0.6297	0.6914	0.7531	0.8148	0.8766	0.9383
13	0.4339	0.4968	0.5597	0.6226	0.6855	0.7484	0.8113	0.8742	0.9371
14	0.4243	0.4883	0.5522	0.6162	0.6802	0.7441	0.8081	0.8721	0.9360
15	0.4155	0.4805	0.5454	0.6103	0.6753	0.7402	0.8052	0.8701	0.9351
16	0.4074	0.4733	0.5391	0.6050	0.6708	0.7366	0.8025	0.8683	0.9342

续表4.2

c \ n	0.1	0.2	0.3	0.4	0.5	0.6	0.7	0.8	0.9
17	0.4000	0.4667	0.5333	0.6000	0.6667	0.7333	0.8000	0.8667	0.9333
18	0.3931	0.4605	0.5279	0.5954	0.6628	0.7303	0.7977	0.8651	0.9326
19	0.3866	0.4548	0.5229	0.5911	0.6592	0.7274	0.7955	0.8637	0.9318
20	0.3806	0.4495	0.5183	0.5871	0.6559	0.7247	0.7935	0.8624	0.9312
21	0.3750	0.4445	0.5139	0.5833	0.6528	0.7222	0.7917	0.8611	0.9306
22	0.3697	0.4398	0.5098	0.5798	0.6498	0.7199	0.7899	0.8599	0.9300
23	0.3647	0.4353	0.5059	0.5765	0.6471	0.7177	0.7882	0.8588	0.9294
24	0.3600	0.4312	0.5023	0.5734	0.6445	0.7156	0.7867	0.8578	0.9289
25	0.3556	0.4272	0.4988	0.5704	0.6420	0.7136	0.7852	0.8568	0.9284
26	0.3514	0.4234	0.4955	0.5676	0.6397	0.7117	0.7838	0.8559	0.9279
27	0.3474	0.4199	0.4924	0.5649	0.6374	0.7099	0.7825	0.8550	0.9275
28	0.3436	0.4165	0.4894	0.5624	0.6353	0.7082	0.7812	0.8541	0.9271
29	0.3399	0.4133	0.4866	0.5600	0.6333	0.7066	0.7800	0.8533	0.9267
30	0.3365	0.4102	0.4839	0.5576	0.6314	0.7051	0.7788	0.8525	0.9263

由上述结果，可以建立寿命绩效指标 C_L 的假设检验程序，步骤如下：

步骤1　搜集上记录值样本 $R_0, R_1, R_2, \cdots, R_n$。

步骤2　设定产品寿命的规格下界 L、寿命绩效指标的目标值 c，提出假设。

$$\text{零假设 } H_0: C_L \leq c \leftrightarrow \text{备择假设 } H_1: C_L > c$$

步骤3　给定显著水平 α，根据样本数 n 与步骤2给定的目标值 c，可以从表4.1或表4.2查得对应的临界值 C_0。

步骤4　计算检验统计量 $\hat{C}'_L = 1 - \dfrac{nL}{R_n}$ 的值。

步骤5　比较 $\hat{C}'_L$ 和 C_0 的值，并做出决策。决策准则如下：

（1）若 $\hat{C}'_L \leq C_0$，则不拒绝 $H_0: C_L \leq c$，即认为产品之寿命绩效指标没有达到厂商所要求的水平。

（2）若 $\hat{C}'_L > C_0$，则拒绝 $H_0: C_L \leq c$，即认为产品之寿命绩效指标已达到厂商所要求之水平。

此外，也可以利用置信区间来判断假设检验的结果，下面给出构建 C_L 的置信区间的计算方法。

因为：

$$C_L = 1 - \frac{L}{\theta} \Rightarrow \frac{L}{\theta} = 1 - C_L$$

又：
$$\hat{C}'_L = 1 - \frac{nL}{R_n} \Rightarrow \frac{L}{R_n} = \frac{1-\hat{C}'_L}{n}$$

则：
$$2\frac{R_n}{\theta} = 2\frac{L/\theta}{L/R_n} = \frac{2n(1-C_L)}{1-\hat{C}'_L}$$

已知 $2R_n/\theta \sim \chi^2_{2(n+1)}$，故：

$$P\left(2\frac{R_n}{\theta} \leq \chi^2_{\alpha,2(n+1)}\right) = 1-\alpha$$

$$\Rightarrow P\left(\frac{2n(1-C_L)}{1-\hat{C}'_L} \leq \chi^2_{\alpha,2(n+1)}\right) = 1-\alpha$$

$$\Rightarrow P\left(1-C_L \leq \frac{1-\hat{C}'_L}{2n} \cdot \chi^2_{\alpha,2(n+1)}\right) = 1-\alpha$$

$$\Rightarrow P\left(C_L \geq 1-\frac{1-\hat{C}'_L}{2n} \cdot \chi^2_{\alpha,2(n+1)}\right) = 1-\alpha$$

于是可以求得寿命绩效指标 C_L 的 $100(1-\alpha)\%$ 置信区间为：

$$\left(1-\frac{1-\hat{C}'_L}{2n} \cdot \chi^2_{\alpha,2(n+1)}, \infty\right) \tag{4.15}$$

故当产品寿命的规格下界 L、寿命绩效指标的目标值 c、样本数 $n+1$ 及显著水平 α 确定后，根据上记录值样本数据得到检验统计量 $\hat{C}'_L$ 的观测值。然后代入式（4.15）就可以求得 C_L 的 $(1-\alpha)$ 置信区间。

由上述的假设检验程序可知，当检验统计量 $\hat{C}'_L$ 大于临界值 C_0 时，检验结果为拒绝零假设 H_0。而 $\hat{C}'_L > 1 - \frac{2n(1-c)}{\chi^2_{\alpha,2(n+1)}}$ 相当于 $c < 1 - \frac{1-\hat{C}'_L}{2n} \cdot \chi^2_{\alpha,2(n+1)}$，故也可以说，当目标值 c 小于 C_L 的 $(1-\alpha)$ 置信区间的下界时，拒绝零假设 H_0。因此，观察零假设下的 c 值是否落在置信区间中，也可做出决策。决策准则如下：

（1）若：
$$c \in \left(1-\frac{1-\hat{C}'_L}{2n} \cdot \chi^2_{\alpha,2(n+1)}, \infty\right)$$

则不拒绝 H_0，认为寿命绩效指标未达到厂商要求的标准。

（2）若：
$$c \notin \left(1-\frac{1-\hat{C}'_L}{2n} \cdot \chi^2_{\alpha,2(n+1)}, \infty\right)$$

则拒绝 H_0，认为寿命绩效指标已达到厂商要求的标准。

4.2.2.1 统计检验力

本节针对前一节提出的假设检验程序进行统计检验力的比较。统计检验的统计检验力即为正确拒绝错误的零假设的概率。在实务上，会预先设定显著水平 α，并希望使得统计检验的效力为最大。在此对前面所建立的检验：

零假设 $H_0 : C_L \leq c$ 和备择假设 $H_1 : C_L > c$，推导此统计检验程序的统计检验力，计算过程如下。

针对具有单参数指数分布 $\exp(\lambda)$ 的上记录值样本，若给定显著性水平为 α，则拒绝域为：

$$\left\{ \hat{C}'_L > 1 - \frac{2n(1-c)}{\mathcal{X}^2_{\alpha, 2(n+1)}} \right\}$$

故在 $C_L = c_1 (>c)$ 时的检验力 $P(c_1)$ 为：

$$P(c_1) = P\left(\hat{C}'_L > 1 - \frac{2n(1-c)}{\mathcal{X}^2_{\alpha, 2(n+1)}} \,\Big|\, C_L = c_1 \right)$$

$$= P\left(1 - \frac{nL}{R_n} > 1 - \frac{2n(1-c)}{\mathcal{X}^2_{\alpha, 2(n+1)}} \,\Big|\, \frac{L}{\theta} = 1 - c_1 \right)$$

$$= P\left(R_n > \frac{L \cdot \mathcal{X}^2_{\alpha, 2(n+1)}}{2(1-c)} \,\Big|\, \frac{L}{\theta} = 1 - c_1 \right)$$

$$= P\left(2 \cdot R_n / \theta > \frac{L/\theta \cdot \mathcal{X}^2_{\alpha, 2(n+1)}}{(1-c)} \,\Big|\, \frac{L}{\theta} = 1 - c_1 \right)$$

$$= P\left(2R_n / \theta > \frac{(1-c_1) \cdot \mathcal{X}^2_{\alpha, 2(n+1)}}{1-c} \right)$$

其中，$2R_n / \theta \sim \mathcal{X}^2_{\alpha, 2(n+1)}$。因此给定 c_1 时，利用卡方分布可求得统计检验力。

此外，也可以利用蒙特卡罗统计模拟程序仿真统计检验力，程序如下：

步骤 1　给定寿命绩效指标的目标值 c、寿命绩效指标值 c_1、显著性水平 α、产品寿命的规格下界 L、样本数 n。

步骤 2　利用 $C_L = 1 - L/\theta = c_1$ 计算 θ 值，其中 $C_L < 1$。

步骤 3　利用标准指数分布 $\exp(1)$ 生成 $n+1$ 个随机变数 $Z_0, Z_1, Z_2, \cdots, Z_n$。

步骤 4　考虑下述变换：

$$Z_0 = R_0 / \theta$$
$$Z_i = (R_i - R_{i-1}) / \theta, \quad i = 1, 2, \cdots, n$$

则有：

$$R_0 = \theta Z_0$$
$$R_n = \theta (Z_0 + Z_1 + Z_2 + \cdots + Z_i), \quad i = 1, 2, \cdots, n$$

其中 $R_0, R_1, R_2, \cdots, R_n$ 即为服从指数分布 $\exp(\lambda)$ 如式 (4.1) 的上记录值样本。

步骤 5　将 $R_0, R_1, R_2, \cdots, R_n$ 的值代入式 (4.11) 计算可得 $\hat{C}'_L$ 值。

步骤 6　将步骤 5 得到的 $\hat{C}'_L$ 值与 $C_0(\alpha, n, c)$ 比较：若 $\hat{C}'_L > C_0$，则记录 count = 1；反之，记录 count = 0。

步骤 7　重复步骤 3 ~ 步骤 6 共 $N = 10000$ 次，计算拒绝 H_0 的次数，即 count 值的和，记作 T-Count，则可得到统计检验力的估计值为 $\hat{P}(c_1) = \dfrac{\text{T-Count}}{N}$。

步骤 8　重复步骤 7 的程序 $M = 100$ 次，则可以得到 100 个统计检验力之估计值为 $\hat{P}_1(c_1), \hat{P}_2(c_1), \cdots, \hat{P}_{100}(c_1)$。

步骤 9　计算 $\hat{P}_1(c_1), \hat{P}_2(c_1), \cdots, \hat{P}_{100}(c_1)$ 的平均数，即：

$$\overline{\hat{P}(c_1)} = \dfrac{\sum_{i=1}^{M} \hat{P}_i(c_1)}{M}$$

步骤 10　计算样本均方根误差（SRMSE），即：

$$\text{SRMSE} = \sqrt{\dfrac{\sum_{i=1}^{M}(\hat{P}_i(c_1) - P(c_1))^2}{M}}$$

其中 $P(c_1)$ 的值由式（4.16）计算得出。

步骤 11　结束。

4.2.2.2　置信区间的置信水平

接下来，同样用模拟的方法求得寿命绩效指标 C_L 的置信区间的置信水平 $1 - \alpha$，相应的仿真程序算法如下：

步骤 1　给定寿命绩效指标的目标值 c、显著水平 α、产品寿命的规格下界 L 和样本数 n。

步骤 2　利用 $C_L = 1 - L/\theta = c$ 计算 θ 值，其中 $C_L < 1$。

步骤 3　利用标准指数分布 $\exp(1)$ 生成 $n + 1$ 个随机变数 $Z_0, Z_1, Z_2, \cdots, Z_n$。

步骤 4　考虑下述变换：

$$Z_0 = R_0/\theta$$
$$Z_i = (R_i - R_{i-1})/\theta, \quad i = 1, 2, \cdots, n$$

则有：

$$R_0 = \theta Z_0$$
$$R_n = \theta(Z_0 + Z_1 + Z_2 + \cdots + Z_i), \quad i = 1, 2, \cdots, n$$

其中 $R_0, R_1, R_2, \cdots, R_n$ 即为服从指数分布 $\exp(\lambda)$ 如式（4.1）的上记录值样本。

步骤 5　将 $R_0, R_1, R_2, \cdots, R_n$ 之值代入式（4.15）计算可得 C_L 之置信区间。

步骤 6　若绩效指标目标值 c 落在步骤 5 所得到的置信区间中，则记录 count = 1；反之，记录 count = 0。

步骤 7　重复步骤 3 ~ 步骤 6 共 $N = 10000$ 次，计算目标值 c 落在置信区间的次数，即 count 值的和，记作 T-Count，则可得到置信系数之估计值为 $\tilde{C}(\alpha) = \dfrac{\text{T-Count}}{N}$。

步骤 8　重复步骤 7 共 $M = 100$ 次，则可以得到 M 个置信水平的估计值为 $\tilde{C}_1(\alpha), \tilde{C}_2(\alpha), \cdots, \tilde{C}_M(\alpha)$，再将其平均，即可获得模拟的置信水平。

步骤 9　计算样本均方根误差（SRMSE），即：

$$\text{SRMSE} = \sqrt{\dfrac{\sum_{i=1}^{M}(\tilde{C}_i(\alpha) - C(\alpha))^2}{M}}$$

其中 $C(\alpha) = 1 - \alpha$。

步骤 10　结束。

根据上述仿真程序，采用 Matlab 软件进行模拟，在 $\alpha = 0.01, 0.05$；$L = 1$；$c = 0.1$ 及 $n = 5(5)30$ 下模拟 C_L 的 99% 与 95% 置信区间的置信水平，结果列于表 4.3。

由表 4.3 的结果可知，样本均方根误差（SRMSE）的值都非常小，其最小值为 0.00082，最大值为 0.00227。模拟的置信水平与设定的置信水平非常接近，表示分别有 99% 与 95% 的信心水平目标值 c 会落在 C_L 的置信区间里。

表 4.3　基于上记录值样本的指数分布在 $L = 1$、$c = 0.1$ 及不同 n 值下 C_L 的置信区间的置信水平比较

$\alpha = 0.01$			$\alpha = 0.05$		
n	置信水平	SRMSE	n	置信水平	SRMSE
5	0.9900	0.00083	5	0.9501	0.00141
10	0.9901	0.00097	10	0.9501	0.00181
15	0.9900	0.00082	15	0.9500	0.00146
20	0.9901	0.00098	20	0.9500	0.00170
25	0.9899	0.00108	25	0.9502	0.00227
30	0.9900	0.00096	30	0.9502	0.00175

4.2.3　寿命绩效指标的 Bayes 估计

本节考虑的指数分布的概率密度函数为：

$$f(x;\theta) = \dfrac{1}{\theta} e^{-\frac{1}{\theta}x}, \qquad x > 0 \tag{4.16}$$

其中 $\theta > 0$ 为未知参数。

假设观察到来自指数分布（3.57）的 n 个上记录值为 $X_{U(1)} = x_1, X_{U(2)} = x_2, \cdots, X_{U(n)} = x_n$，记 $x = (x_1, x_2, \cdots, x_n)$ 则有：

(1) $X_{U(1)}, X_{U(2)}, \cdots, X_{U(n)}$ 的联合密度函数为:

$$f(x;\theta) = \theta^{-n} e^{-\frac{x_n}{\theta}} \qquad (4.17)$$

(2) $X_{U(n)}$ 的边缘密度函数为:

$$f_n(x_n;\theta) = \frac{1}{\theta^n \Gamma(n)} x_n^{n-1} e^{-\frac{x_n}{\theta}} \qquad (4.18)$$

且有 θ 的极大似然估计为:

$$\hat{\theta}_{MLE} = \frac{X_{U(n)}}{n} \qquad (4.19)$$

和:

$$E(\hat{\theta}_{MLE}) = \theta, \qquad Var(\hat{\theta}_{MLE}) = \frac{\theta^2}{n} \qquad (4.20)$$

本节将在刻度平方误差损失函数:

$$L(\hat{\theta},\theta) = \frac{(\theta - \hat{\theta})^2}{\theta^k} \qquad (4.21)$$

下讨论指数分布参数的 Bayes 估计问题,其中 k 为非负整数,且易知 $L(\hat{\theta},\theta)$ 损失函数 (4.21) 关于 θ 的估计量 $\hat{\theta}$ 是严格凸的,故在刻度误差损失函数下,参数 θ 的唯一的 Bayes 估计为:

$$\hat{\theta}_B = \frac{E(\theta^{1-k} \mid X)}{E(\theta^{-k} \mid X)} \qquad (4.22)$$

定理 4.1 设 $X = (X_{U(1)}, \cdots, X_{U(n)})$ 为来自指数分布 (3.58) 的一个上记录值样本,参数 θ 的先验分布为倒伽玛分布 $I\Gamma(\alpha,\beta)$,则在刻度平方误差损失函数下,有:

(1) 参数 θ 的 Bayes 估计为:

$$\hat{\theta} = \frac{\beta + X_{U(n)}}{n + \alpha + k - 1} \qquad (4.23)$$

(2) 寿命绩效指标的 Bayes 估计为:

$$C_L = 1 - \frac{n + \alpha + k - 1}{T + \beta} L \qquad (4.24)$$

证明:设参数 θ 的共轭先验分布为倒伽玛分布 $I\Gamma(\alpha,\beta)$,即其概率密度函数为:

$$\pi(\theta;\alpha,\beta) = \frac{\beta^\alpha}{\Gamma(\alpha)} \theta^{-(\alpha+1)} e^{-\frac{\beta}{\theta}}, \qquad \theta > 0, \alpha, \beta > 0$$

易证:

$$\theta \mid X \sim I\Gamma(\alpha + r, \beta + X_{U(n)})$$

于是参数 θ 的后验概率密度函数为:

$$h(\theta \mid x) = \frac{(\beta + t)^{n+\alpha}}{\Gamma(n+\alpha)} \theta^{-(n+\alpha+1)} e^{-(\beta + x_n)/\theta}$$

则有：

$$E(\theta^{1-k}|X) = \int_0^\infty \theta^{1-k} h(\theta|X)\mathrm{d}\theta$$

$$= \int_0^\infty \theta^{1-k} \frac{(\beta+X_{U(n)})^{n+\alpha}}{\Gamma(n+\alpha)} \theta^{-(n+\alpha+1)} \mathrm{e}^{-(\beta+X_{U(n)})/\theta} \mathrm{d}\theta$$

$$= \frac{(\beta+X_{U(n)})^{n+\alpha}}{\Gamma(n+\alpha)} \cdot \frac{\Gamma(n+\alpha-1+k)}{(\beta+X_{U(n)})^{n+\alpha-1+k}}$$

$$E(\theta^{-k}|X) = \int_0^\infty \theta^{-k} h(\theta|X)\mathrm{d}\theta$$

$$= \int_0^\infty \theta^{-k} \frac{(\beta+X_{U(n)})^{n+\alpha}}{\Gamma(n+\alpha)} \theta^{-(n+\alpha+1)} \mathrm{e}^{-(\beta+X_{U(n)})/\theta} \mathrm{d}\theta$$

$$= \frac{(\beta+X_{U(n)})^{n+\alpha}}{\Gamma(n+\alpha)} \cdot \frac{\Gamma(n+\alpha+k)}{(\beta+X_{U(n)})^{n+\alpha-k}}$$

从而有：

$$\hat{\theta} = \frac{E(\theta^{1-k}|X)}{E(\theta^{-k}|X)} = \frac{\beta+X_{U(n)}}{n+\alpha+k-1}$$

4.2.4 寿命绩效指标的 Bayes 检验

由于在抽样过程中会出现抽样误差的情况，若只根据产品寿命绩效指标 C_L 的点估计来判定过程能力是否符合标准常会带来误判，于是需要构造 C_L 的假设检验程序判定寿命绩效指标是否符合所需要的标准。通过构造枢轴量 $2\theta(\beta+T)|X$，在给定显著性水平 γ 下，寿命绩效指标 C_L 的单边置信下限可以采用如下的方法进行构造。

由于枢轴量 $2\theta(\beta+X_{U(n)})|X \sim \mathcal{X}^2(2(n+\alpha))$，设 $\mathcal{X}^2_{1-\gamma}(2(n+\alpha))$ 为分布 $\mathcal{X}^2(2(n+\alpha))$ 的 $1-\gamma$ 分位数，则有：

$$P(2\theta(\beta+X_{U(n)}) \leqslant \mathcal{X}^2_{1-\gamma}(2(n+\alpha))|X) = 1-\gamma \tag{4.25}$$

即：

$$P\left(\theta \leqslant \frac{\mathcal{X}^2_{1-\gamma}(2(n+\alpha))}{2(\beta+X_{U(n)})} \bigg| X\right) = 1-\gamma \tag{4.26}$$

也可以写成：

$$P\left(1-\theta L \geqslant 1 - L \cdot \frac{\mathcal{X}^2_{1-\gamma}(2(n+\alpha))}{2(\beta+X_{U(n)})} \bigg| X\right) = 1-\gamma \tag{4.27}$$

于是得到寿命绩效指标 $C_L = 1-\theta L$ 的置信水平为 $1-\gamma$ 的置信下限：

$$\underline{LB} = 1 - (1-\hat{C}_{BL}) \cdot \frac{\mathcal{X}^2_{1-\gamma}(2(n+\alpha))}{2(n+\alpha+k-1)} \tag{4.28}$$

这里 $\hat{C}_{BL} = 1 - L \cdot \dfrac{n+\alpha+k-1}{\beta+X_{U(n)}}$。

供应商可以根据单边置信区间来确定产品寿命是否符合标准。具体的检验步骤如下：

步骤1　确定产品寿命的规格下界 L、寿命绩效指标的目标值 c，则可以建立如下检验：

零假设 $H_0: C_L \leq c$ 和备择假设 $H_1: C_L > c$。

步骤2　给定显著性水平 γ。

步骤3　给定先验超参数 α 和 β，根据式（4.28）计算 C_L 的置信水平为 $1-\gamma$ 的单边置信下限 LB。

步骤4　C_L 的 Bayes 统计检验法则如下：

（1）当寿命绩效指标的目标值 $c \notin [LB, \infty)$，则拒绝 H_0，从而认为产品的寿命达到厂商所要求的标准；

（2）当寿命绩效指标的目标值 $c \in [LB, \infty)$，则不能拒绝 H_0，认为产品的寿命没有达到厂商所要求的标准。

4.2.5　数值算例

本节以两个数值算例说明上述假设检验程序与置信区间的有效性和实用性。

例4.1　Proschan（1963）搜集了波音720喷射机空调设备的运作时间 X（单位：小时），资料见表4.4。

表4.4　数据资料

波音720喷射机空调设备的工作时间/h									
90	10	60	186	61	49	14	24	56	20
79	84	44	59	29	118	25	156	310	76
26	44	23	62	130	208	70	101	208	

在例3.2中计算得 p 值为 $0.28014 > \alpha = 0.05$，表示没有足够的理由证明零假设是错的，即波音720喷射机空调设备的运作时间服从单参数指数分布。

因此，可以用这些资料来说明本节所提出的假设检验程序，程序如下：

步骤1　搜集到上记录值样本为 $\{R_i, i=0,1,2\} = \{90, 186, 310\}$。

步骤2　设定产品寿命的规格下界 $L = 4.336$。若要求供货商所生产的产品合格率 P_r 必须达到90%以上，参考表4.1可得知，寿命绩效指标 C_L 值要超过0.9，因此寿命绩效指标值设定为 $c = 0.9$，则可建立：

零假设 $H_0: C_L \leq 0.9$ 和备择假设 $H_1: C_L > 0.9$。

步骤3　给定显著水平 $\alpha = 0.05$，则可以从表4.2查得 $c = 0.9$，$n = 2$ 时所对

应的临界值：
$$C_0(0.05, 2, 0.9) = 0.968$$

步骤 4 计算检验统计量的值：$\hat{C}'_L = 1 - \dfrac{2 \times 4.336}{310} = 0.9720$。

步骤 5 因为 $\hat{C}'_L = 0.9720 > C_0(0.02, 2, 0.9) = 0.968$，检验结果拒绝零假设 $H_0 : C_L \leq 0.9$，所以可以判定产品之寿命绩效指标已达到厂商要求的水平。

此外，也可以利用置信区间来判定产品之寿命绩效指标是否达到厂商所要求之水平。例如，取显著水平 $\alpha = 0.05$，并要求供货商之产品合格率 P_r 必须达到 90% 以上，参考表 4.1，寿命绩效指标 C_L 值要超过 0.9，即寿命绩效指标值 $c = 0.9$。假设产品寿命的规格下界 $L = 4.336$ 已知，根据上记录值为 $\{R_i, i = 0, 1, 2\} = \{90, 186, 310\}$ 可计算检验统计量的值为 $\hat{C}'_L = 0.9720$。然后代入式（4.13）就可以求得 C_L 之 95% 置信区间为 $(0.9919, \infty)$。因为 $c = 0.9 \notin (0.9919, \infty)$，表示供货商生产的产品寿命绩效指标已达到厂商要求之水平。

下面利用本章提出的 Bayes 检验方法进行产品寿命绩效评估，步骤如下：

步骤 1 搜集到上记录值样本为 $\{R_i, i = 0, 1, 2\} = \{90, 186, 310\}$。

步骤 2 设定产品寿命的规格下界 $L = 4.336$。若要求供货商所生产的产品合格率 P_r 必须达到 90% 以上，参考表 4.1 可知，寿命绩效指标 C_L 值要超过 0.9，因此寿命绩效指标值设定为 $c = 0.9$，则可建立假设：

零假设 $H_0 : C_L \leq 0.9$ 和备择假设 $H_1 : C_L > 0.9$

步骤 3 给定显著性水平 $\alpha = 0.05$。

步骤 4 给定先验超参数 $\alpha = 0$ 和 $\beta = 0$，并设 $k = 1$，计算 $\hat{C}_{BL} = 0.9580$，进而根据式（4.28）计算 C_L 的置信水平为 $1 - \gamma$ 的单边置信下限 $LB = 0.9119$。

步骤 5 因为 $c = 0.9 \notin [LB, \infty)$，故拒绝 H_0，从而认为产品的寿命达到厂商所要求的标准。

例 4.2 由计算机仿真具有尺度参数 $\theta = 20$ 的单参数指数分布的上记录值样本，其中尺度参数 $\theta = 20$ 是利用 $L = 1.0$、$C_L = 0.9$ 与 $n = 15$ 这些条件获得的。模拟出的 $16 (= n+1)$ 个上记录值见表 4.5。

表 4.5 数据资料

尺度参数 $\theta = 20$ 的单参数指数分布的上记录值样本									
0.6873	27.5741	32.8988	44.1644	47.5368	109.8874	110.1454	120.3169	122.5048	141.8116
224.5391	235.1921	249.5108	285.0621	315.9841	348.4986				

假设这些上记录值代表某产品从开始使用直至失效的时间长度，而时间是以"小时"为单位。接着，用这些资料来说明 C_L 的统计检验程序，程序如下：

步骤 1 上记录值样本为

$\{R_i, i=0,1,2,\cdots,15\} = \{0.6873, 27.5741, 32.8988, 44.1644, 47.5368,$
$\qquad\qquad 109.8874, 110.1454, 120.3196, 122.5048,$
$\qquad\qquad 141.8116, 224.5391, 235.1921, 249.5108,$
$\qquad\qquad 285.0621, 315.9841, 348.4986\}$

步骤 2 因为上述资料是在设定 $L=1.0$ 的条件下模拟所得,因此设定产品寿命的规格下界 $L=1.0$。若要求供货商生产的产品合格率 P_r 必须达到 90% 以上,参考表 4.1 可得知寿命绩效指标 C_L 值要超过 0.90,因此寿命绩效指标之目标值设定为 $c=0.90$,则建立零假设 $H_0: C_L \leqslant 0.90$ 和对立假设 $H_1: C_L > 0.90$。一般来说,产品寿命的规格下界是依据制造部门经理的专业判断而决定的,因为上述资料是在 $L=1.0$ 的条件下仿真而得,因此设定产品寿命的规格下界 L 为 1.0。

步骤 3 给定显著水平 $\alpha=0.05$,根据步骤 2 设定之 $c=0.90$、$n=15$,可以从表 4.2 查得对应的临界值 $C_0 = (0.05, 15, 0.9) = 0.935$。

步骤 4 计算检验统计量的值:

$$\hat{C}'_L = 1 - \frac{15 \times 1.0}{348.4986} = 0.9570$$

步骤 5 因为 $\hat{C}'_L = 0.9570 > C_0(0.05, 15, 0.9) = 0.935$,所以可以判定产品之寿命绩效指标已达到厂商要求的水平。

此外,本节提出的假设检验程序不仅容易执行,而且也可以有效评估产品的寿命绩效是否达到厂商要求的水平。另外,本节虽然是考虑以均匀最小变异数不偏估计量 $\hat{C}'_L$ 估计寿命绩效指标 C_L,不过也可以考虑采用最大似然计量估计寿命绩效指标 C_L,进而提出 C_L 的统计检验程序。由于 C_L 的最大似然估计量与最小方差无偏估计量两者会呈现函数关系,故不论是以何者为检验统计量,两个检验程序之统计检验力均相同。因此本节仅以最小方差无偏估计量 $\hat{C}'_L$ 为例,说明如何以 $\hat{C}'_L$ 构建寿命绩效指标 C_L 的假设检验程序。

更多研究内容参见文献 [186~215]。

4.3 本章小结

过程能力指标是常被用来衡量过程产出的产品是否达到制造厂商所需要求的有效工具。在产品寿命性能测试中,由于成本的考虑或其他因素,人们只记录产品寿命高于之前的记录,在这种数据不完整的情况下如何检验产品的好坏程度来达到厂商要求的水平是一项重要课题。因此,本章讨论了产品寿命取自指数分布的寿命绩效指标的统计推断问题,提出了基于最小方差无偏估计和 Bayes 估计的寿命绩效指标的统计假设检验程序,利用寿命绩效指标的检验程序可以有效地评估产品是否达到厂商或顾客所要求的水平。

5 总结和展望

5.1 研究总结

本书基于记录值样本，分别研究了指数分布、广义指数分布模型的统计推断问题以及含有模糊数信息的分布模型的参数估计和假设检验问题。本书的主要工作如下：

（1）针对来自几何分布的记录值样本，在刻度平方误差损失函数下研究了可靠度参数的 Bayes 估计问题。在对称熵损失函数下，研究指数分布未知参数 θ 的 Bayes 估计并进一步讨论了线性形式估计的可容许性。

（2）在记录值样本下研究了比率危险率模型参数的 Bayes 估计问题，并提出了 Bayes 收缩估计法。新估计方法可以较好地利用专家经验和知识，更好地改善估计的结果。

（3）在平方误差损失函数下讨论了基于记录值样本的广义 Pareto 分布参数的损失函数和风险函数的 Bayes 估计问题，并探讨得到的 Bayes 估计为保守性估计的条件；在参数的先验分布为无信息 Quasi 先验分布下，分别研究了在平方误差损失、LINEX 损失和熵损失函数下广义 Pareto 分布参数的 Bayes 估计及 Minimax 估计问题。

（4）基于记录值样本探讨指数分布模型参数的模糊 Bayes 估计问题，在刻度误差损失函数下考虑了指数分布失效率参数的模糊 Bayes 估计问题，并求得了参数的 Bayes 估计和构建了求解 Bayes 估计隶属度的最优化模型。

（5）本章分别讨论了产品寿命取自指数分布和广义指数分布的寿命绩效指标的统计推断问题。对于指数分布情形，提出了基于最小方差无偏估计和 Bayes 估计的寿命绩效指标的统计假设检验程序。利用寿命绩效指标的检验程序可以有效地评估产品是否达到厂商或顾客所要求的水平。

5.2 研究展望

基于记录值样本的统计推断理论虽然得到了很多学者的关注，但是研究还不够深入，在利用 Bayes 统计方法进行研究时还主要集中在平方误差损失和 LINEX 损失函数下进行探讨，而其他一些损失函数，如预警误差损失（precautionary loss）和平衡误差损失等函数下进行参数 Bayes 估计的研究还不多，应用也还不够广泛，经验 Bayes 方法应用到记录值模型的文献也不多。本书第 3 章最后一节对模糊 Bayes 统计推断在记录值模型中的研究还只是进行了初步的探索，随着模糊数理论及其在工程实践中受关注程度的不断提高，将来基于直觉模糊数、中智模糊数等信息的模糊 Bayes 统计推断研究也将是 Bayes 统计推断研究的一个热点，同时基于一些复杂截尾数据和随机删失数据的 Bayes 统计推断研究还有很多值得关注的地方。

参 考 文 献

[1] Ahsanullah M. Record Statistics [M]. New York: Nova Science Publishers, 1995.

[2] Arnold B C, Balakrishnan N, Nagaraja H N. Records [M]. New York: John Wiley, 1998.

[3] Ahsanullah M. Record Values Theory and Applications [M]. Lanham: University Press of America, 2004.

[4] Yang T Y, Lee J C. Bayesian nearest-neighbor analysis via record value statistics and nonhomogeneous spatial Poisson processes [J]. Computational Statistics & Data Analysis, 2007, 51 (9): 4438~4449.

[5] Tahmasebi S, Jafari A A. Concomitants of order statistics and record values from Morgenstern type bivariate-generalized exponential distribution [J]. Bulletin of the Malaysian Mathematical Sciences Society, 2014, 38 (4): 1~13.

[6] Wergen G, Hense A, Krug J. Record occurrence and record values in daily and monthly temperatures [J]. Climate Dynamics, 2014, 42 (5~6): 1275~1289.

[7] Raqab M Z, Bdair O M, Al-Aboud F M. Inference for the two-parameter bathtub-shaped distribution based on record data [J]. Metrika, 2018, 81 (2): 1~25.

[8] 胡治水, 苏淳, 王定成. 对数正态型分布纪录值之和的渐近分布 [J]. 中国科学 (A辑), 2002, 32 (7): 603~612.

[9] 苏淳, 江涛, 唐启鹤. 两类记录值之和的中心极限定理 [J]. 数学物理学报, 2002, 22A (4): 512~517.

[10] 王琪, 黄文宜. 基于记录值的 GE 分布参数的 Bayes 和经验 Bayes 估计 [J]. 重庆师范大学学报 (自然科学版), 2013, 30 (4): 55~58.

[11] 王亮, 师义民, 常萍. 记录值样本下 Burr XII 模型的 Bayes 可靠性分析 [J]. 火力与指挥控制, 2012, 37 (8): 31~34.

[12] 王琪, 任海平. 基于记录值样本的 Rayleigh 分布模型的参数估计 [J]. 统计与决策, 2010, 24 (7): 14~16.

[13] 高小琪, 韦程东. 基于下记录值样本的双参数指数威布尔模型的 Bayes 估计 [J]. 广西师范学院学报, 2015, 32 (1): 1~6.

[14] 邢建平. 基于熵损失和记录值样本的指数分布模型参数的估计 [J]. 统计与决策, 2011, 3 (8): 19~20.

[15] 黄文宜. 基于记录值的几何分布模型的 Bayes 可靠性分析 [J]. 安徽大学学报, 2015, 39 (5): 19~22.

[16] 王亮, 师义民. 平衡损失函数下 Cox 模型的可靠性分析: 记录值样本情形 [J]. 工程数学学报, 2011, 28 (6): 787~793.

[17] 韩雪, 张青楠. 基于低记录值的 I 型 GLD 的统计推断 [J]. 数理统计与管理, 2018, 37 (2): 264~271.

[18] 罗嘉成, 陈勇明. 记录值样本下极值分布的统计推断 [J]. 统计与决策, 2017 (18): 10~12.

[19] Nadar M, Kizilaslan F. Classical and Bayesian estimation of P (X < Y) using upper record val-

ues from Kumaraswamy's distribution [J]. Statistical Papers, 2014, 55 (3), 751~783.

[20] Solimana A A. Bayesian inference using record values from Rayleigh model with application [J]. European Journal of Operational Research, 2008, 185 (2): 659~672.

[21] Barakat H M, Elgawad M A A. Asymptotic behavior of the joint record values, with applications [J]. Statistics & Probability Letters, 2017, 124: 13~21.

[22] Qomi M N, Kiapour A. Shortest tolerance intervals controlling both tails of the exponential distribution based on record values [J]. Communications in Statistics, 2017, 46 (1): 271~279.

[23] Mirmostafaee S M T K, Mahdizadeh M, Aminzadeh M. Bayesian inference for the Topp-Leone distribution based on lower k-record values [J]. Japan Journal of Industrial & Applied Mathematics, 2016, 33 (3): 637~669.

[24] Khan M J S, Arshad M. UMVU estimation of reliability function and stress-strength reliability from proportional reversed hazard family based on lower records [J]. American Journal of Mathematical and Management Sciences, 2016, 35 (2): 171~181.

[25] Mahmoud M A W, Soliman A A, Ellah A H A, et al. MCMC technique to study the Bayesian estimation using record values from the Lomax distribution [J]. International Journal of Computer Applications, 2013, 73 (5): 8~14.

[26] Wang B X, Yu K, Coolen F P A. Interval estimation for proportional reversed hazard family based on lower record values [J]. Statistics & Probability Letters, 2015, 98: 115~122.

[27] Tahmasebi S. Notes on entropy for concomitants of record values in Farlie-Gumbel-Morgenstern (FGM) family [J]. Journal of Data Science, 2013, 11 (1): 59~68.

[28] Chacko M, Mary M S. Concomitants of k-record values arising from Morgenstern family of distributions and their applications in parameter estimation [J]. Statistical Papers, 2013, 54 (1): 21~46.

[29] Nevzorov V B. Record values with constraints [J]. Vestnik St Petersburg University Mathematics, 2013, 46 (4): 170~174.

[30] Ahsanullah M, Shakil M. Characterizations of Rayleigh distribution based on order statistics and record values [J]. Bulletin of the Malaysian Mathematical Society, 2013, 3 (3): 625~635.

[31] Houchens R L. Record value theory and inference [D]. CA: University of California, Riverside, 1984.

[32] Ahmadi M V, Doostparast M, Ahmadi J. Estimating the lifetime performance index with Weibull distribution based on progressive first-failure censoring scheme [J]. Journal of Computational & Applied Mathematics, 2013, 239 (1): 93~102.

[33] Juran J M, Gryna F M, Bingham R S J. Quality Control Handbook [M]. New York: McGraw-Hill, 1974.

[34] Mahmoud M A W, Elsagheer R M, Soliman A E, et al. Inferences of the lifetime performance index with Lomax distribution based on progressive type-II censored data [J]. Stochastics & Quality Control, 2014, 29 (1): 39~51.

[35] Lee H M, Wu J W, Lei C L. Assessing the Lifetime Performance Index of Exponential Products With Step-Stress Accelerated Life-Testing Data [J]. IEEE Transactions on Reliability, 2013, 62 (1): 296~304.

[36] Wu S F, Lin Y P. Computational testing algorithmic procedure of assessment for lifetime performance index of products with one-parameter exponential distribution under progressive type I interval censoring [J]. Mathematics & Computers in Simulation, 2017, 311 (C): 364~374.

[37] Wu C W, Shu M H, Chang Y N. Variable-sampling plans based on lifetime-performance index under exponential distribution with censoring and its extensions [J]. Applied Mathematical Modelling, 2018, 55: 81~93.

[38] Ahmadi M V, Doostparast M, Ahmadi J. Statistical inference for the lifetime performance index based on generalised order statistics from exponential distribution [J]. International Journal of Systems Science, 2015, 46 (6): 1094~1107.

[39] Ahmadi M V, Doostparast M. Pareto analysis for the lifetime performance index of products on the basis of progressively first-failure-censored batches under balanced symmetric and asymmetric loss functions [J]. Journal of Applied Statistics, 2019, 46 (7): 1196~1227.

[40] Dey S, Sharma V K, Anis M Z, et al. Assessing lifetime performance index of Weibull distributed products using progressive type II right censored samples [J]. International Journal of System Assurance Engineering & Management, 2017, 8 (2): 1~16.

[41] Montgomery D C. Introduction to Statistical Quality Control [M]. New York: John Wiley & Sons, 1985.

[42] Wu J W, Lee H M, Lei C L. Computational procedure for assessing lifetime performance index of products for a one-parameter exponential lifetime model with the upper record values [C] // Proceedings of the Institution of Mechanical Engineers, Part B: Journal of Engineering Manufacture, 2008, 222 (12): 1729~1739.

[43] Wu J W, Hong C W, Lee W C. Computational procedure of lifetime performance index of products for the Burr XII distribution with upper record values [J]. Applied Mathematics & Computation, 2014, 227 (2): 701~716.

[44] Lee W C, Wu J W, Lei C L. Evaluating the lifetime performance index for the exponential lifetime products [J]. Applied Mathematical Modelling, 2010, 34 (5): 1217~1224.

[45] Kane V E. Process capability indices [J]. Journal of Quality Technology, 1986, 18 (1): 41~52.

[46] Chan L K, Cheng S W, Spiring F A. A new measure of process capability: Cpm [J]. Journal of Quality Technology, 1988, 20 (3): 162~175.

[47] Pearn W L, Kotz S, Johnson N L. Distributional and inferential properties of process capability indices [J]. Journal of Quality Technology, 1992, 24 (4): 216~33.

[48] Clement J A. Process capability calculations for non-normal distribution [J]. Quality Progress, 1989, 22: 95~100.

[49] Pearn W L, Chen K S. Capability indices for non-normal distributions with an application in e-

lectrolytic capacitor manufacturing [J]. Microelectro Reliability, 1997, 37 (12): 1853 ~ 1858.

[50] Liu P H, Chen F L. Process capability analysis of non-normal process data using the Burr XII distribution [J]. International Journal of Advanced Manufacturing Technology, 2006, 27: 975 ~ 984.

[51] Tong L I, Chen K T, Chen H T. Statistical testing for assessing the performance of lifetime index of electronic components with exponential distribution [J]. International Journal of Quality & Reliability Management, 2002, 19: 812 ~ 824.

[52] Wu J W, Lee W C, Hou H C. Assessing the performance for the products with Rayleigh lifetime [J]. Journal of Quantitative Management, 2007 (4): 147 ~ 160.

[53] 何桢, 王晶, 李湧范. 基于Bootstrap方法的过程能力指数区间估计 [J]. 工业工程. 2008, 11 (6): 1 ~ 4.

[54] Hsu B M, Shu M H, Chen B S. Evaluating lifetime performance for the Pareto model with censored and imprecise information [J]. Innovative Computing Information & Control. icicic. second International Conference, 2011, 12 (12): 79.

[55] 晏爱君, 刘三阳. 指数寿命产品的寿命性能评估 [J]. 系统工程与电子技术, 2012 (4): 854 ~ 856.

[56] Wu C C, Chen L C, Chen Y J. Decision procedure of lifetime performance assessment of Rayleigh products under progressively Type II right censored samples [J]. International Journal of Information & Management Sciences, 2013, 24: 225 ~ 237.

[57] Laumen B, Cramer E. Likelihood inference for the lifetime performance index under progressive type-II censoring [J]. Economic Quality Control, 2015, 30 (2): 59 ~ 73.

[58] Lee W C, Hong C W, Wu J W. Computational procedure of performance assessment of lifetime index of normal products with fuzzy data under the type II right censored sampling plan [J]. Journal of Intelligent & Fuzzy Systems, 2015, 28 (4): 1755 ~ 1773.

[59] Lee W C, Wu J W, Hong M L, et al. Assessing the lifetime performance index of Rayleigh products based on the Bayesian estimation under progressive type II right censored samples [J]. Journal of Computational & Applied Mathematics, 2011, 235 (6): 1676 ~ 1688.

[60] Liu M F, Ren H P. Bayesian test procedure of lifetime performance index for exponential distribution under progressive type-II censoring. [J]. Int j appl math stat, 2013, 32 (2): 27 ~ 38.

[61] Lee W C, Wu J W, Hong C W, et al. Evaluating the lifetime performance index based on the Bayesian estimation for the Rayleigh lifetime products with the upper record values [J]. Journal of Applied Mathematics, 2013 (2013): 233 ~ 256.

[62] 茆诗松, 王静龙, 濮晓龙. 高等数理统计 [M]. 北京: 高等教育出版社, 2013.

[63] 茆诗松. 贝叶斯统计 [M]. 北京: 中国统计出版社, 1999.

[64] 张静. 统计决策与贝叶斯分析 [M]. 北京: 中国统计出版社, 2016.

[65] 韩明. 贝叶斯统计 [M]. 上海: 同济大学出版社, 2017.

[66] 茆诗松, 汤银才, 王玲玲. 可靠性统计 [M]. 北京: 高等教育出版社, 2008.

[67] 茆诗松，汤银才. 贝叶斯统计 [M]. 2版. 北京：中国统计出版社，2012.

[68] 欧阳光中，李敬湖. 证券组合与投资分析 [M]. 北京：高等教育出版社，1997.

[69] 欧阳资生，谢赤，谢小良. Paretian 型超出损失再保险纯保费的贝叶斯极值估计 [J]. 系统工程，2005，23（2）：78~81.

[70] 陶俊勇，陈盾，等. 动态分布参数的贝叶斯可靠性分析 [M]. 北京：国防工业出版社，2011.

[71] 钱正培，贺学强. 公司信用风险研究的贝叶斯方法 [J]. 兰州学刊，2010（9）：204~207.

[72] 孙瑞博. 计量经济学的贝叶斯统计方法 [J]. 南京财经大学学报，2007（6）：17~21.

[73] 孙建州. 贝叶斯统计学派开山鼻祖——托马斯·贝叶斯小传 [J]. 中国统计，2011（7）：24~25.

[74] 施久玉，胡程鹏. 股票投资中一种新的技术分析方法 [J]. 哈尔滨工程大学学报，2004（5）：680~684.

[75] 史树中. 诺贝尔经济学奖与数学 [M]. 北京：清华大学出版社，2002.

[76] 汤银才. R 语言与统计分析 [M]. 北京：高等教育出版社，2008.

[77] 师义民，徐伟，秦超英，等. 数理统计 [M]. 3版. 北京：科学出版社，2009.

[78] 韦来生. 数理统计 [M]. 北京：科学出版社，2008.

[79] Berger J O. 统计决策论及贝叶斯分析 [M]. 贾乃光，译. 北京：中国统计出版社，1998.

[80] 林叔荣. 实用统计决策与 Bayes 分析 [M]. 厦门：厦门大学出版社，1991.

[81] 陈希孺，倪国熙. 数理统计学教程 [M]. 合肥：中国科学技术大学出版社，2009.

[82] 张尧庭，陈汉峰. 贝叶斯统计推断 [M]. 北京：科学出版社，1991.

[83] 吴喜之. 现代贝叶斯统计学 [M]. 北京：中国统计出版社，2000.

[84] 蔡洪，张士峰，张金槐. Bayes 试验分析与评估 [M]. 长沙：国防科技大学出版社，2004.

[85] 郭海明，王永瑜，杨盛菁，等. 应用统计学 [M]. 兰州：兰州大学出版社，2011.

[86] 徐国祥. 统计预测和决策 [M]. 上海：上海财经大学出版社，2005.

[87] 朱慧明，林静. 贝叶斯计量经济模型 [M]. 北京：科学出版社，2009.

[88] 阿诺德·泽尔纳，著. 计量经济学贝叶斯推断引论 [M]. 张尧庭，译. 上海：上海财经大学出版社，2005.

[89] 刘乐平，袁卫. 现代贝叶斯分析与现代统计推断 [J]. 经济理论与经济管理，2004，24（6）：64~69.

[90] 邓迎春. 经济时间序列 ARMA 模型的贝叶斯分析及其应用 [D]. 长沙：湖南大学，2006.

[91] William M, Bolstad. Introduction to Bayesian Statistics [M]. New York：Wiley & Sons，2007.

[92] Box G, Tiao G. Bayesian Inference in Statistical Analysis [M]. New York：Wiley & Sons，1992.

[93] Paolo Giudici G H G B. Bayesian Modeling Using WinBUGS [M]. New York：Wiley & Sons，2009.

[94] Berger J O. Statistical Decision Theory and Bayesian Analysis [M] Second Edition. New York: Springer, 2012.

[95] 王佐仁, 杨琳. 贝叶斯统计推断及其主要进展 [J]. 统计与信息论坛, 2012, 27 (12): 3~8.

[96] 王晓园. 贝叶斯方法在保险精算中的应用 [D]. 重庆: 重庆理工大学, 2011.

[97] 韦博成. 漫谈统计学的应用与发展 (1) [J]. 数理统计与管理, 2011, 30 (1): 85~97.

[98] 吴喜之. 复杂数据统计方法——基于 R 的应用 [M]. 北京: 中国人民大学出版社, 2013.

[99] 吴永, 王晓园. 贝叶斯方法估计极端损失再保险纯保费 [J]. 重庆理工大学学报（自然科学）, 2011, 25 (40): 106~111.

[100] Klugman S A, Panjer H H, Willmot G E. Loss Models: From Data to DecisionsEMj. 2nd. New York: John Wiley and Sons lnc, 2004. (中译本: 损失模型: 从数据到决策 [M]. 吴岚, 译. 北京: 人民邮电出版社, 2009)

[101] Kelly D, Smith C. Bayesian inference for probabilistic risk assessment [M]. London: Springer Science + BusinessMedia, 2011. (中译本: 贝叶斯概率风险评估 [M]. 郝志棚, 译. 北京: 国防工业出版社, 2014)

[102] 韩明. 关于贝叶斯 [J]. 中国统计, 2014 (9): 32~33.

[103] 韩明. 概率论与数理统计教程 [M]. 上海: 同济大学出版社, 2014.

[104] 韩明. 参数的 E-Bayes 估计法和 M-Bayes 可信限法及其应用 [M]. 上海: 上海交通大学出版社, 2017.

[105] 徐晓岭, 孙祝岭, 王磊. 几何分布参数的区间估计和统计贴近度研究 [J]. 强度与环境, 2005, 32 (2): 57~63.

[106] 井维兰, 王蓉华, 顾蓓青, 等. 全样本几何分布串—并联系统产品的统计分析 [J]. 统计与信息论坛, 2009, 24 (12): 14~17.

[107] 王蓉华, 顾蓓青, 金乃超, 等. 几何分布产品不完全数据场合下的统计分析 [J]. 统计与信息论坛, 2010, 25 (2): 16~19.

[108] 徐晓岭, 王蓉华, 费鹤良. 几何分布产品定数截尾场合下参数的点估计 [J]. 强度与环境, 2009, 36 (2): 51~63.

[109] 徐晓岭, 王蓉华, 应晶晶, 等. 几何分布冷贮备产品的统计分析 [J]. 统计与决策, 2013, 5: 87~89.

[110] 张栋栋, 张德然. 几何分布可靠度的 Bayes 置信下限 [J]. 华中师范大学学报: 自然科学版, 2013, 1: 20~22.

[111] 熊常伟, 张德然, 张怡. 熵损失函数下几何分布可靠度的 Bayes 估计 [J]. 数理统计与管理, 2008, 27 (1): 82~86.

[112] 李兰平. 一类新的加权平方损失函数下几何分布的 Bayes 可靠性分析 [J]. 统计与决策, 2012, 11: 81~82.

[113] 张国林. 一类非对称损失函数下几何分布可靠度的 Bayes 估计 [J]. 统计与决策, 2013, 4: 69~70.

[114] Lehmann E L, Casella G. Theory of Point Estimation [M]. (2nd edition). New York: Springer-Verlag, 2003.

[115] Nelson W. Applied Life Data Analysis [M]. New York: John Wiley, 1982.

[116] Mathachan, Pathiyil. Some inference problems related to Geometric distribution [D]. Mahatma Gandhi University, 2013.

[117] Pareto V. Cours d Economie Politiqu [M]. Paris: Rouge et Cie, 1897.

[118] 刘宗谦, 曹定爱, 胡明. Pareto 分布与收入不均等的分析 [J]. 数量经济技术经济研究, 2003, 20 (12): 79~83.

[119] 金光炎. 两种新的水文频率分布模型: Pareto 分布和 Logistic 分布 [J]. 水文, 2005, 25 (1): 29~33.

[120] 李正农, 曹守坤, 王澈泉. 基于 Pareto 分布的风压极值计算方法 [J]. 空气动力学学报, 2017, 35 (6): 812.

[121] 王炳兴, 高建敏. Pareto 分布中门槛值的确定及其在股票市场中的应用 [J]. 数理统计与管理, 2008 (6): 1034~1038.

[122] 钱艺平, 林祥. 市场风险资产损失服从 Pareto 分布的 VaR 计量 [J]. 统计与信息论坛, 2009, 24 (7): 9~12.

[123] 陈子燊, 刘曾美, 路剑飞. 基于广义 Pareto 分布的洪水频率分析 [J]. 水力发电学报, 2013, 32 (2): 68~73.

[124] Mackay E B L, Challenor P G, Bahaj A B S. A comparison of estimators for the generalised Pareto distribution [J]. Ocean Engineering, 2011, 38 (11): 1338~1346.

[125] Afify W M. On estimation of the exponentiated Pareto distribution under different sample schemes [J]. Statistical Methodology, 2010, 7 (2): 77~83.

[126] Tahir M H, Cordeiro G M, Alzaatreh A, et al. A New Weibull-Pareto Distribution: Properties and Applications [J]. Communications in Statistics-Simulation and Computation, 2014, 45 (10): 3548~3567.

[127] 赵旭. 广义 Pareto 分布的统计推断 [D]. 北京: 北京工业大学, 2012.

[128] 欧阳资生. 极值估计在金融保险中的应用 [M]. 北京: 中国经济出版社, 2006.

[129] 柳会珍, 顾岚. 股票收益率分布的尾部行为研究 [J]. 系统工程, 2005, 23 (2): 74~77.

[130] 桂文林, 徐芳燕. 广义 Pareto 分布尾部厚度的分析与应用 [J]. 统计与决策, 2009 (6): 153~155.

[131] 欧阳资生, 谢赤. 索赔数据的广义 Pareto 分布拟合 [J]. 系统工程, 2006, 24 (1): 96~101.

[132] 马跃, 彭作祥. 广义误差帕累托分布及其在保险中的应用 [J]. 西南大学学报 (自然科学版), 2017, 39 (1): 99~102.

[133] 广义 Pareto 分布在超定量洪水序列频率分析中的应用 [J]. 西北农林科技大学学报 (自然科学版), 2010, 38 (2): 191~196.

[134] 洪家凤. 阈值模型及其在极端低温中的应用 [D]. 扬州: 扬州大学, 2011.

[135] Saltoglu L. Assessing the Risk Forecasts for Japan [J]. Japan and the World Economy,

2002, 14 (1): 63~87.

[136] Mole N, Anderson C W, Nadarajah S, et al. A generalized pareto distribution model for high concentrations in short-range atmospheric dispersion [J]. Environmetrics, 2010, 6 (6): 595~606.

[137] Shi G, Atkinson H V, Sellars C M, et al. Computer simulation of the estimation of the maximum inclusion size in clean steels by the generalized Pareto distribution method [J]. Acta Materialia, 2001, 49 (10): 1813~1820.

[138] 李纲, 杨辉耀, 郭海燕. 基于极值理论的风险价值度量 [J]. 管理科学, 2002, 15 (5): 40~44.

[139] Lee T H, Saltoglu B. Assessing the risk forecasts for Japanese stock market [J]. Japan & the World Economy, 2002, 14 (1): 63~85.

[140] Rukhin A L. Estimated loss and admissible loss estimator [J]. In Proceeding of Forth Purdue Symposium on Decision Theory. Ed. J. O. Berger and S. S. Gupta, Berlin: Springer Verlag. 1981, 1: 365~375.

[141] Rukhin A L. Estimating the loss of estimators of binomial parameter [J]. Biometrika, 1988, 75 (1): 153~155.

[142] 项志华. 参数估计的损失函数的 Bayes 推断 [J]. 数理统计与应用概率, 1993, 8 (3): 25~30.

[143] 刘焕香, 董晓娜, 师义民, 等. Γ 分布参数估计损失函数和风险函数的 Bayes 推断 [J]. 昆明理工大学学报, 2005, 30 (2): 112~118.

[144] 夏亚峰, 马素丽. 对数正态参数估计的损失函数和风险函数的 Bayes 推断 [J]. 兰州理工大学学报, 2008, 34 (1): 131~133.

[145] 丁新月, 徐美萍. 正态和对数正态分布中参数的损失和风险函数的 Bayes 推断 [J]. 江西师范大学学报 (自然科学版), 2014, 38 (1): 70~73.

[146] 韦程东, 胡莎莎, 韦师, 等. Pareto 分布参数估计的损失函数和风险函数的 Bayes 推断 [J]. 统计与决策, 2011 (14): 158~159.

[147] 徐美萍, 丁新月, 于健. Rayleigh 分布中参数估计的损失函数和风险函数的 Bayes 推断 [J]. 数学的实践与认识, 2013, 43 (21): 151~156.

[148] 邢建平. 基于记录值样本的指数分布参数的损失与风险函数的 Bayes 估计 [J]. 统计与决策, 2011 (10): 32~33.

[149] Asgharzadeh A. On Bayesian estimation from exponential distribution based on records [J]. The Korean Statistical Society, 2009, 38 (2): 125~130.

[150] Lei J L. Research on Quality Performance Assessment for Exponential Products [D]. Taiwan: Tamkang University, 2009.

[151] 任海平, 阳连武, 廖莉. 对数误差平方损失函数和 MLINEX 损失函数下一类分布族参数的 Minimax 估计 [J]. 江西师范大学学报 (自然科学版), 2009, 33 (3): 326~330.

[152] 张强, 吴黎军, Zhang Qiang, 等. 对数误差平方损失函数下的信度模型 [J]. 山东师范大学学报 (自然科学版), 2012, 27 (1): 34~37.

[153] 黄文宜. 对数误差平方损失和熵损失函数下 Topp-Leone 分布参数的 Minimax 估计 [J].

宜春学院学报, 2017, 39 (12): 6~8.

[154] 金秀岩. 复合 MLinex 对称损失函数下对数伽玛分布参数的 Bayes 估计 [J]. 数学的实践与认识, 2014, 44 (19): 257~262.

[155] 朱宁, 刘庆华, 农以宁, 等. 复合 MLINEX 对称损失函数下 Pareto 分布参数的 Bayes 估计 [J]. 统计与决策, 2018, 34 (5): 11~15.

[156] Mahmoodi E, Sanjari Farsipour N. Minimax estimation of the scale parameter in a family of transformed Chi-square distributions under asymmetric squared log error and MLINEX loss functions [J]. J sci islam repub iran, 2006 (3): 253~258.

[157] Dey S, Maiti S S. Bayesian Estimation of the Parameter of Maxwell Distribution under Different Loss Functions [J]. Journal of Statistical Theory & Practice, 2010, 4 (2): 279~287.

[158] Podder C K, Roy M K, Bhuiyan K J, et al. Minimax estimation of the parameter of the Pareto distribution under quadratic and MLINEX loss functions [J]. Pakistan Journal of Statistics, 2004, 20 (1): 137~149.

[159] 蒋占峰. Mlinex 损失函数下指数分布尺度参数的 Bayes 估计 [J]. 重庆师范大学学报 (自然科学版), 2014 (2): 51~54.

[160] 王琳, 师义民, 袁修国. MLINEX 损失下 BurrXII 部件可靠性指标的经验贝叶斯估计 [J]. 青岛科技大学学报 (自然科学版), 2011, 32 (2): 204~207.

[161] Ghitany M E, Kotz S, Xie M. On some reliability measures and their stochastic orderings for the Topp-Leone distribution [J]. Journal of Applied Statistics, 2005, 32 (7): 715~722.

[162] Al-Zahrani B. Goodness-of-fit for the Topp-Leone distribution with unknown parameters [J]. Applied Mathematical Sciences, 2012 (125~128): 6355~6363.

[163] Al-Zahrani B, Alshomrani A. Inference on stress-strength reliability from Topp-Leone distributions [J]. Journal of King Abdulaziz University-Science, 2012, 24 (1): 73~88.

[164] Bayoud H A. Estimating the shape parameter of the Topp-Leone distribution based on Type I censored samples [J]. Applicationes Mathematicae, 2015, 42 (2): 219~230.

[165] El-Sayed M A, Abd-Elmougod G A, Abdel-Rahman E O. Estimation for coefficient of variation of Topp-Leone distribution under adaptive Type-II progressive censoring scheme: Bayesian and non-Bayesian approaches [J]. Journal of Computational & Theoretical Nanoscience, 2015, 12 (11): 4028~4035.

[166] El-Sayed M A, Abd-Elmougod G A, Abdel-Khalek S, et al. Bayesian and non-Bayesian estimation of Topp-Leone distribution based lower record values [J]. 2013, 45 (2): 133~145.

[167] Ali M M, Jaheen Z F, Ahmad A A. Bayesian estimation, prediction and characterization for the Gumbel model based on records [J]. Statistics, 2002, 36: 65~74.

[168] Jaheen Z F. A Bayesian analysis of record statistics from the Gompertz model [J]. Appl Math Comput. 2003, 145: 307~320.

[169] Ahmadi J, Doostparast M. Bayesian estimation and prediction for some life distributions based on record values [J]. Stat Pap, 2006, 47: 373~392.

[170] Asgharzadeh A. On Bayesian estimation from exponential distribution based on records [J]. The Korean Statistical Society, 2009, 38 (2): 125~130.

[171] 孔令军,宋立新,陈岩波. 对称熵损失下指数分布的参数估计[J]. 吉林大学自然科学学报, 1998, 2: 9~14.

[172] 韦博成. 参数统计教程[M]. 北京: 高等教育出版社, 2006.

[173] Lawless J F. 寿命数据中的统计模型与方法[M]. 茆师松, 等译. 北京: 中国统计出版社, 1998.

[174] Ahmed S E, Reid N. Empirical Bayes and likelihood inference[M]. New York: Springer-Verlag, 2001.

[175] 任海平, 王国富, 王叶芳. 一类分布族的损失函数和风险函数的 Bayes 推断[J]. 数学理论与应用, 2006, 26 (2): 88~90.

[176] 任海平. 熵损失函数下一类广义分布族参数估计的容许性[J]. 西北师范大学学报(自然科学版), 2010, 46 (6): 19~22.

[177] 王亮, 师义民. 逐步增加 II 型截尾下比例危险率模型的可靠性分析[J]. 数理统计与管理, 2011, 30 (2): 315~321.

[178] Thompson J R. Some shrinkage techniques for estimating the mean[J]. Journal of American Statistical Association, 1968, 63: 113~122.

[179] Qabaha M. Ordinary and Bayesian shrinkage estimation[J]. An-Najah Univ J Res (N Sc), 2007, 21: 101~116.

[180] Prakash G, Singh D C. A Bayesian shrinkage approach in weibull Type-II censored data using prior point information[J]. REVSTAT-Statistical Journal, 2009, 7 (2): 171~187.

[181] Prakash G, Singh D C. Bayesian shrinkage estimation in a class of life testing distribution [J]. Data Science Journal, 2010, 8: 243~258.

[182] Pandey M, Upadhyay S K. Bayesian shrinkage estimation of reliability in parallel system with exponential failure of the components[J]. Microelectronics Reliability, 1985, 25 (5): 899~903.

[183] Zellner A. Bayesian shrinkage estimates and forecasts of individual and total or aggregate outcomes[J]. Economic Modelling, 2010, 27 (6): 1392~1397.

[184] Willan A R, Pinto E M, O'Brien B J, et al. Country specific cost comparisons from multinational clinical trials using empirical Bayesian shrinkage estimation: the Canadian ASSENT-3 economic analysis[J]. Health Economics, 2010, 14 (4): 327~338.

[185] Singh H P, Saxena S. Bayesian and shrinkage estimation of process capability index Cp[J]. Communication in Statistics-Theory and Methods, 2005, 34 (1): 205~228.

[186] 王炳兴. Burr Type XII 分布的统计推断[J]. 数学物理学报, 2008, 28A (6): 1103~1108.

[187] Hesamian G, Shams M. Parametric testing statistical hypotheses for fuzzy random variables [J]. Soft Computing, 2015, 20 (4): 1~12.

[188] Adjenughwure K, Papadopoulos B. A new hybrid fuzzy-statistical membership function based on fuzzy estimators[J]. Journal of Intelligent & Fuzzy Systems, 2016, 30 (5): 2761~2771.

[189] Akbari M G, Mohammadalizadeh R, Rezaei M. Bootstrap statistical inference about the re-

[190] Parchami A, Taheri S M, Mashinchi M. Testing fuzzy hypotheses based on vague observations: a p-value approach [J]. Statistical Papers, 2012, 53 (2): 469~484.

[191] Gupta R D, Kundu D. Generalized exponential distribution [J]. Australian and New Zealand Journal of Statistics, 1999, 41 (2): 173~188.

[192] Nadarajah S. The exponentiated exponential distribution: A survey [J]. Advances in Statistical Analysis, 2011, 95 (3): 219~251.

[193] Gupta R D, Kundu D. Generalized exponential distributions: different method of estimations [J]. Journal of Statistical Computation and Simulation, 2001, 69: 315~338.

[194] Gupta R D, Kundu D. Exponentiated exponential family: An alternative to Gamma and Weibull distributions [J]. Biometrical Journal, 2001, 43 (1): 117~130.

[195] Gupta R D, Kundu D. Discriminating between Weibull and Generalized exponential distributions [J]. Computational Statistics & Data Analysis, 2003, 43 (2): 179~196.

[196] Gupta R D, Kundu D. Discriminating between gamma and the generalized exponential distributions [J]. Journal of Statistical Computation and Simulation, 2004, (74): 107~122.

[197] 廖莉, 张长青. 熵损失函数下指数分布产品寿命绩效指标的 Bayes 统计推断 [J]. 南昌大学学报 (理科版), 2016, 40 (5): 421~425.

[198] 王琪, 任海平. 非对称损失函数下逆指数分布参数的 Bayes 估计 [J]. 齐齐哈尔大学学报 (自然科学版), 2014, 30 (4): 79~83.

[199] 黄文宜. 基于记录值的几何分布模型的 Bayes 可靠性分析 [J]. 安徽大学学报 (自然科学版), 2015, 39 (5): 19~22.

[200] 田玉柱, 田茂再, 陈平. 数据分组和右截尾情形下广义指数分布的参数估计及应用 [J]. 数学进展, 2012, 41 (6): 755~762.

[201] 杨君慧, 师义民, 曹弘毅. 逐步增加Ⅱ型截尾试验下广义指数分布的统计分析 [J]. 统计与决策, 2014 (16): 28~30.

[202] 田玉柱, 田茂再, 陈平. 数据分组和右删失下混合广义指数分布的参数估计 [J]. 应用概率统计, 2012, 28 (6): 561~571.

[203] 管强, 汤银才, 邱锦明. 广义指数分布下恒定应力加速寿命试验的贝叶斯分析 [J]. 数学的实践与认识, 2014, 44 (4): 188~196.

[204] 王超, 陈家清, 刘次华. 熵损失下一类广义指数分布刻度参数的经验 Bayes 估计 [J]. 应用数学, 2016 (3): 584~591.

[205] Gupta, Rameshwar D, Kundu, et al. Time truncated acceptance sampling plans for generalized exponential distribution [J]. Journal of Applied Statistics, 2010, 37 (4): 555~566.

[206] Chen D G, Lio Y L. Parameter estimations for generalized exponential distribution under progressive type-I interval censoring [J]. Computational Statistics & Data Analysis, 2010, 54 (6): 1581~1591.

[207] Baklizi A. Likelihood and Bayesian estimation of I using lower record values from the generalized exponential distribution [J]. Computational Statistics & Data Analysis, 2008, 52 (7):

3468~3473.

[208] Kim C, Song S. Bayesian estimation of the parameters of the generalized exponential distribution from doubly censored samples [J]. Statistical Papers, 2010, 51 (3): 583~597.

[209] Pasari S, Dikshit O. Three-parameter generalized exponential distribution in earthquake recurrence interval estimation [J]. Natural Hazards, 2014, 73 (2): 639~656.

[210] Han D, Kundu D. Inference for a step-stress model with competing risks for failure from the generalized exponential distribution under type-I censoring [J]. IEEE Transactions on Reliability, 2015, 64 (1): 31~43.

[211] Li W J, Wu Z W, Hong Q W, et al. Performance evaluation for lifetime performance index of products for the generalized exponential distribution with upper record values [J]. Journal of Quality, 2013, 20 (3): 275~304.

[212] 郑光玉, 师义民. 自适应逐步Ⅱ型混合截尾恒加寿命试验下广义指数分布的统计分析 [J]. 应用概率统计, 2013, 29 (4): 363~380.

[213] Lee W C, Hong C W, Wu J W. Computational procedure of performance assessment of lifetime index of normal products with fuzzy data under the type Ⅱ right censored sampling plan [J]. Journal of Intelligent & Fuzzy Systems, 2015, 28 (4): 1755~1773.

[214] 唐玉娜, 施瑞, 王炳兴. 广义指数分布的统计推断 [J]. 统计与决策, 2008, 17: 18~19.

[215] 王国富. 熵损失函数下两参数广义指数分布形状参数的 Bayes 估计 [J]. 统计与决策, 2010 (1): 154~155.